U0340247

中国红木家具
制作与解析百科全书

组合类

朱志悦 马建房 李岩 主编

中国林业出版社

图书在版编目（CIP）数据

中国红木家具制作与解析百科全书. 1, 组合类 / 朱志悦, 马建房, 李岩主编.
-- 北京：中国林业出版社,2014.1 (2016.6重印)
ISBN 978-7-5038-7326-3

Ⅰ.①中… Ⅱ.①朱… ②马… ③李… Ⅲ.①红木科
—木家具—基本知识—中国 Ⅳ.①TS664.1

中国版本图书馆CIP数据核字(2013)第319908号

【中国红木家具制作与解析百科全书1】（组合类）

主　　编：朱志悦　马建房　李　岩
策　　划：纪　亮
木工总设计：马建房　李　岩
内容编辑：栾卫超　邵梦茹　王双浦
三维设计：卢海华　佟晶晶　栾卫超
版面编辑：郭晓强　程亚恒　孟　娇
编　　委：刘　辛　赵　杨　徐慧明
技术顾问：张玉林
参编成员：李　岩　马建房　栾卫超　赵　杨　卢海华　佟晶晶
　　　　　栾卫超　刘　辛　刘　君　贾　濛　李通宇　姚美慧
　　　　　李晓娟　刘　丹　张　欣　钱　瑾　翟继祥　王与娟
　　　　　李艳君　温国兴　曾　勇　黄京娜　罗国华　夏　茜
　　　　　张　敏　滕德会　周英桂　朱　武

责任编辑：李丝丝

出版：中国林业出版社　（100009 北京西城区德内大街刘海胡同 7 号）
http://lycb.forestry.gov.cn/
E-mail: cfphz@public.bta.net.cn
电话：（010）8322 5283
发行：中国林业出版社
印刷：北京利丰雅高长城印刷有限公司
版次：2014年2月第1版
印次：2016年6月第2次
开本：787mm×1092mm　1/16
印张：20
字数：150千字
本册定价：220.00 元（全4册）

前言

　　中式古典家具温润而优雅，不仅是我国古典艺术的代表，而且渗透着传统古典的文化气息。本书将灵动着现代气息的古典家具款式做了详尽的解析。现代社会居家生活追求时尚与高雅，若能在厅堂、卧室等场所陈设几件雅致而精巧的现代风格古典家具，能把居室的儒雅氛围渲染得淋漓尽致。

　　为了发扬古典传统家具文化，诠释古典家具文化与现代气息相融合的趋势，我们特别推出了本套百科全书，书中各类家具款式清新脱俗，摆脱了盲目复古与盲目崇洋的误区，在传统工艺的基础上融入了现代风格，书中家具款式不仅齐全而且配有翔实的施工图，详细而深入的内容讲解，包括了每件家具的款式、雕刻图寓意，以及相关的文化点评。本书的推出希望能为推动新式古典家具向前迈进做出贡献。

　　图书是用来传播知识、弘扬文化最好的媒介，我们希望凝结心血而诞生的这部书能够得到读者的认可，能对广大古典文化学习爱好者有所帮助，若能实现一二，我们将会感到由衷的欣慰。同时，我们也会虚心、恳切地听取来自各方的不同意见，拾遗补漏，纠正谬误，以期相互学习，共同进步，把中华古典文化发扬光大。真诚期待读者的指正，我们将不胜荣幸。

　　书中家具款式主要来源于市场，若有雷同，注册专利产品权利则属于原合法注册公司所有，本书纯属介绍学习之用，绝无任何侵害之意。本书主要给家具爱好者学习参考之用，也可作为古典家具研究、学习者之辅助教材。

本书编委会

目录

※ 金玉满堂沙发

◆图文寓意：

沙发上的纹饰寓意富贵不到头、子孙延绵不断。博古线古朴雅致，寓意典雅高洁，沙发背板两边雕刻有寓意"福在眼前"的蝙蝠图案，腿部采用了寓意"富贵不断头"的"回纹"图案作为装饰，雕工精美，古朴大方。

宝瓶寓意永保平安；聚宝盆代表财富不断、金玉满堂，这些纹样都包含了人们对生活的美好期盼。

◆文化点评：

此沙发沿用传统家具制造的雕刻、榫卯、镶嵌等工艺，将引人入胜的文化内涵引入其中。成功将西方人体工程学与东方传统审美学巧妙结合，工艺水平炉火纯青。繁缛的雕刻使沙发整体高贵华丽、紧凑稳重；寓意深远的雕饰更让沙发显的熠熠生辉、富贵庄严。

◆款式点评：

此沙发搭脑呈卷书状，面脚束腰，搭脑的两旁选用如意做装饰。角花处使用了古朴优雅的纹样，在背板处雕刻有聚宝盆、宝瓶、杂宝等物，还选择了古朴雅致，典雅高洁的博古线在背板和扶手处做了镂空处理。沙发整体大气稳重，光彩眩目。

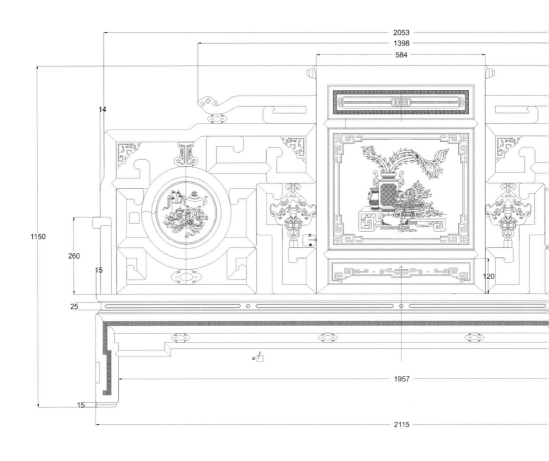

金玉满堂沙发
——cad 图

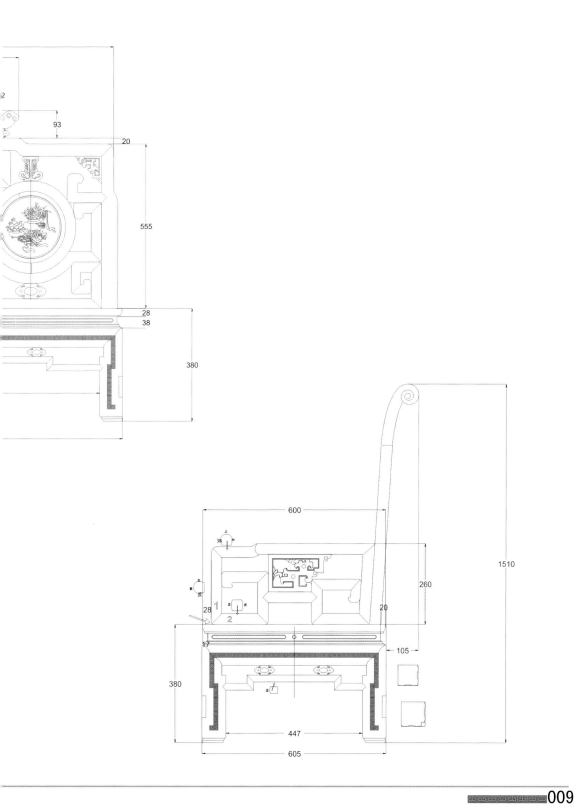

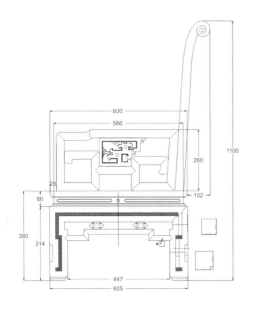

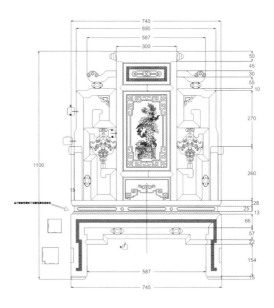

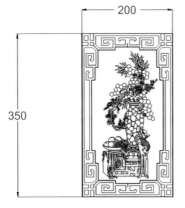

金玉满堂沙发
——cad 图

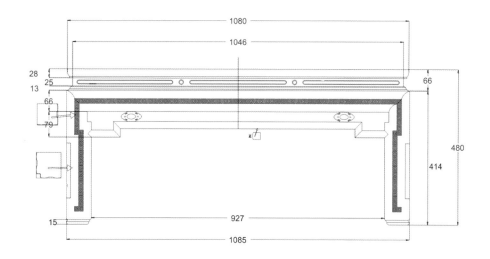

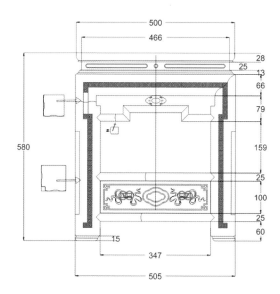

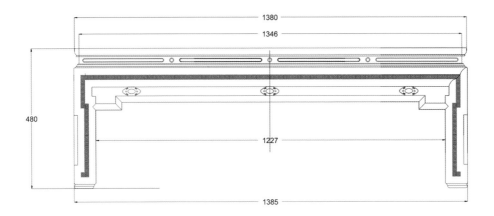

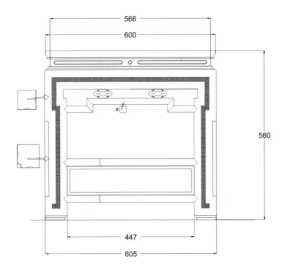

金玉满堂沙发
——cad 图

※ 金玉满堂雕刻图

聚
宝
盆

※ 金玉满堂雕刻图

杂宝纹

杂宝纹

琴

棋

书

画

八宝抽屉板

回纹

如意纹

螭龙纹

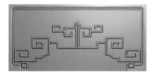

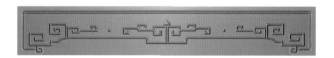

博古线

镶边回纹圆环靠板

卡子花

福在眼前

※ 金玉满堂电视柜

◆图文寓意：

　　电视柜上有以古琴、卷书、棋子、画轴作为图案的雕刻，寓意才华横溢、诗书满腹、无所不通；如意形状的把手代表"手握如意"；丝带缠绕的铜钱鹿角等雕饰纹样精美，雕工精巧，寓意福禄寿喜皆缠绕家中；代表"富贵不断"的回纹布满桌腿；如意纹的卡子花代表了事事如意，心想事成。

◆款式点评：

此电视柜两边的橱略高，以如意形状的雕饰作为抽屉的把手，面脚束腰，图案精美，雕工精细。抽屉下的柜门处雕刻有琴棋书画等图案，高贵大方，古朴雅致。中间部分比两边略低，中有空档，两旁也是以如意形状的雕饰作为把手的抽屉。家具整体构架和谐，造型端庄。

◆文化点评：

古色古香的电视柜是现代家居需求和古典家具的完美结合。这种家具成功地将古典家具中的镂空、雕花等装饰和储物空间相结合，兼实用性、装饰性于一身，是新古典家具最典型的存在之一。

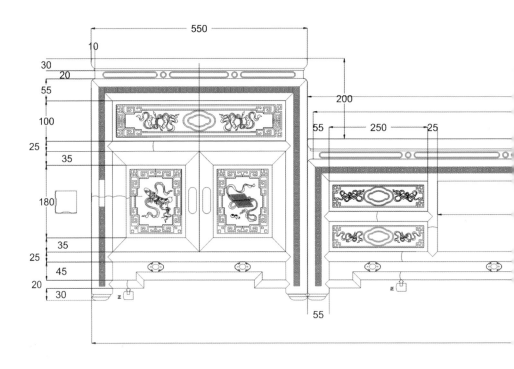

金玉满堂电视柜
——cad 图

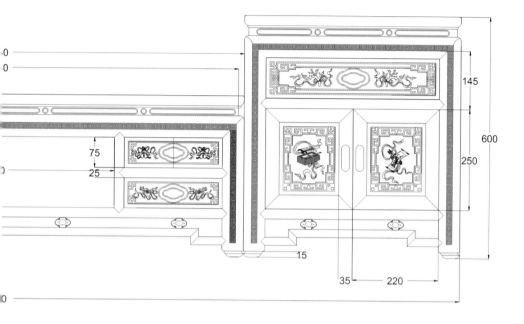

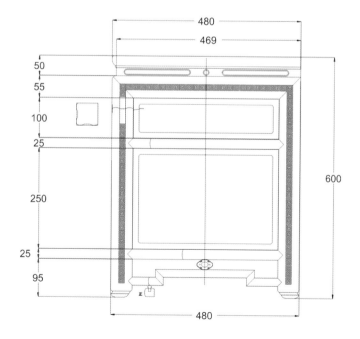

※ 金玉满堂写字台

◆款式点评：

此写字台桌面独版做成，高束腰镶绦环板，中间两屉，两侧各三屉，一共八屉。屉脸有如意纹拉手，拉手两边刻有丝带缠绕的犀角、鹿角、铜钱和如意。挡板四周镂空雕博古线，中间刻有放置了梅兰荷等植物的宝盆和宝瓶。写字台的矮老选择了竹节的形状，卡子花采用如意纹。写字台结构标准，样式规范，外形美观，是书房中不可多得之物。

◆图纹寓意：

写字台上雕有道家八宝的纹样，这些纹样代表吉祥如意、本领高超、洁净不污、修身养性；挡板处不仅雕有象征品质高洁的梅兰等植物，还雕刻了桂圆和丝带缠绕的书籍画卷等，这些纹饰都是书房的常客，具有文采斐然、连中三元等美好的寓意；矮老被雕刻成了竹节的形状，竹号称君子，有不刚不柔，凌霜雪而不凋的品质，竹寓意蓬勃向上，步步高升。

◆文化点评：

在现在的家居装潢中，写字台是必不可少的，细节精巧、古朴典雅的写字台更能让人们体会到浓郁的文化气息。道八宝的纹样寓意深远，繁缛的雕刻使写字台更像是优美的工艺品。在进行学习或艺术创作时，造型优美、古朴大气的写字台能给使用者带来优雅的心情，提升主人的创作灵感。

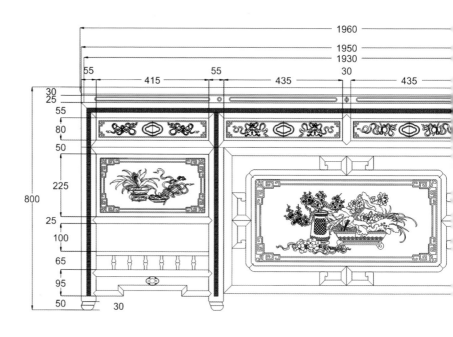

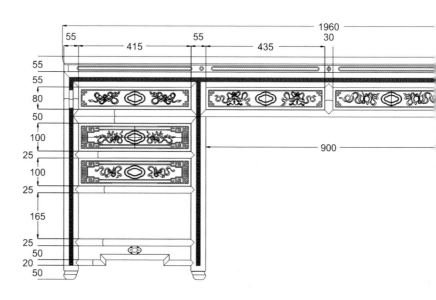

金玉满堂写字台
　　——cad 图

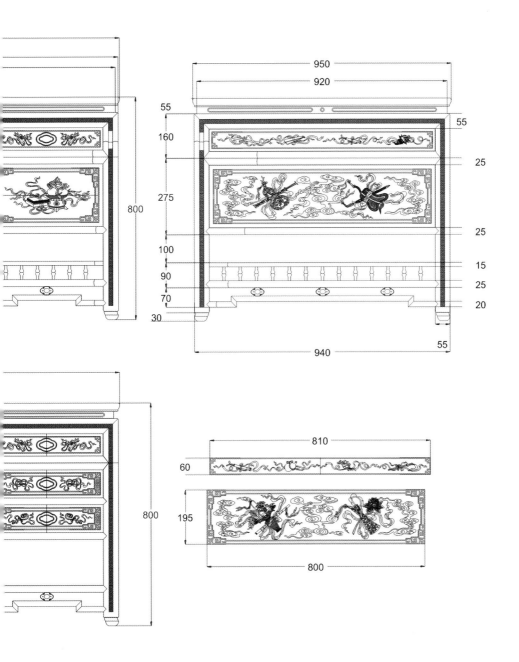

※ 金玉满堂椅

◆款式点评：

此椅搭脑呈卷书状，两旁用如意做装饰，面脚束腰，脚柱收腿式。椅背板处用博古线作为装饰，雕有蝙蝠和宝瓶等物，纹样优雅，雕工精细。椅子整体工艺讲究，庄重而不乏优雅。

◆图纹寓意：

如意纹象征了事事如意；抱着钱的蝙蝠代表了"福在眼前"；古朴典雅的螭龙纹代表富贵吉祥；博古线古朴雅致，寓意典雅高洁。雕刻在背板上的宝瓶和里面的竹、梅、桂圆、仙桃等物则寓意平安富贵，长寿团圆。

◆文化点评：

椅子的靠背平直，端正威严；椅子上的花纹蕴含深远的寓意，榫卯、雕刻、镶嵌等工艺让椅子显得古朴大方，整器方正直率，雕饰丰富，富贵华丽，和书桌搭配契合，可以为书房增添古色古韵。

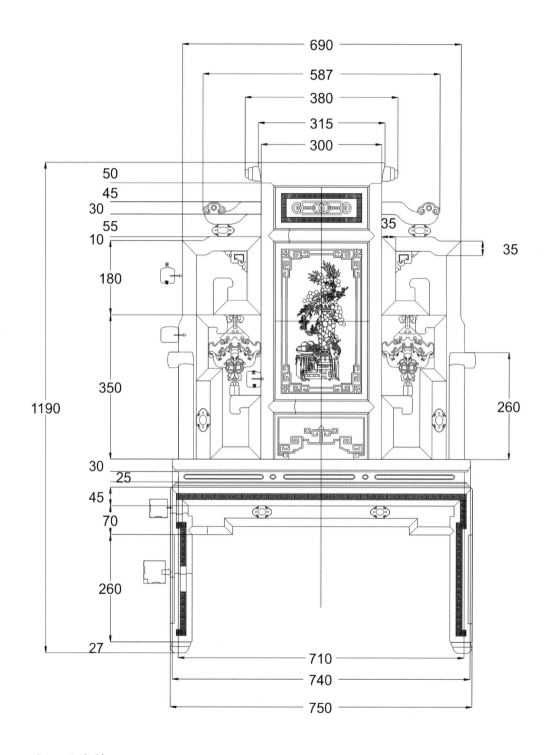

金玉满堂椅

——cad 图

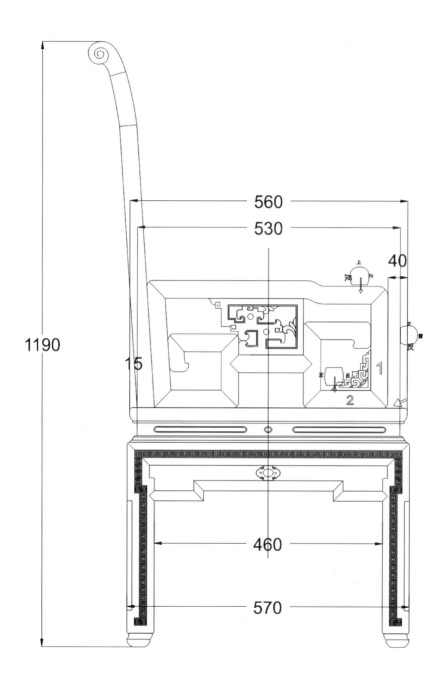

560

530

40

1190

15

上
反 甲

正 前
反

1

正 反
丁

2

460

570

※ 金玉满堂雕刻图

琴棋书画

 回纹

 如意纹卡子花

道八宝

福
在
眼
前

杂宝纹

如意纹

牙角

※ 金玉满堂书柜

◆款式点评：

此柜柜帽圆角喷出，高束腰镶绦环板，柜身纵长方形，四周皆以回纹雕饰，侧身无雕饰。柜正面分上、中、下三部分，上部为亮格，内有格挡，四扇柜门两两对开，柜门以拐子纹做内框，雕有卷草纹。中部为四屉，屉脸有如意纹拉手。下部是柜，柜门四周雕有博古线，以宝瓶、宝盆、植物雕饰。柜底用罗锅枨，枨上有如意纹卡子花，雕饰精美。书柜整体色泽圆润，华丽大方。

◆图纹寓意：

书柜上雕刻的水仙、玉兰、牡丹等植物都有吉祥、富贵的寓意，是古典家具装饰中的常见图文；荷花、梅花代表了清新高洁的品质；荔枝、莲藕、麦穗则代表"连中三元"，硕果累累、收获丰厚；卷草纹寓意连绵不绝，富贵不断。

◆文化点评：

此柜造型稳健，挺拔隽永。雕刻繁复，工艺精湛，古色古香的造型加上寓意深远的雕花让书柜整体显得自然流畅，盈韵古器，妙器雅成，极富美感。

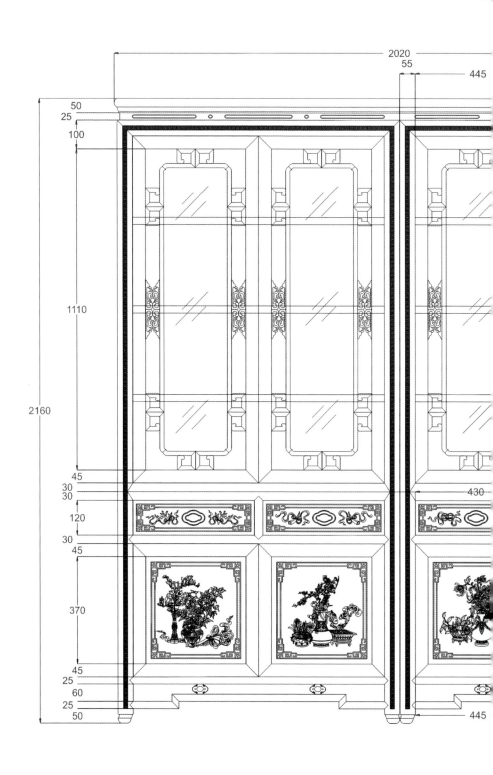

金玉满堂书柜
——cad 图

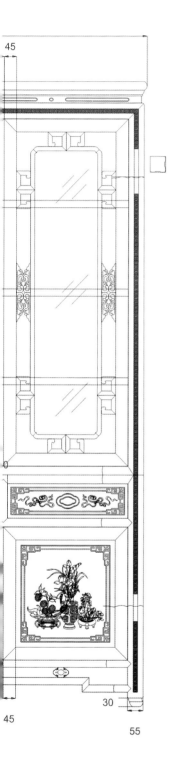

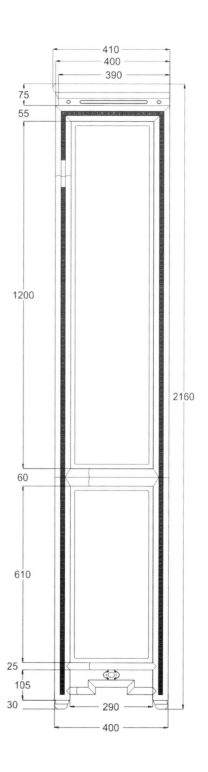

45

45

30

55

410
400
390

75

55

1200

2160

60

610

25

105

30

290

400

※ 金玉满堂多宝阁

◆款式点评：

此多宝阁柜帽圆角喷出，阁顶处高束腰镶绦环板，柜柱四周皆雕回纹，托角牙雕有螭龙纹和如意。侧山有圆角的长方圈口，四周雕有卷草纹。多宝阁正面被格挡出了大小形状不同的空间，可以根据空间放置装饰摆设。下方的两个柜子上雕刻了香炉、画筒、铜钱、如意、聚宝盆等物，工艺精美，做工考究。

◆图纹寓意：

回纹象征"富贵不到头"；丝带缠绕的琴棋书画等纹案代表才华横溢、诗书满腹、无所不通；博古线古朴雅致，典雅高洁；香炉青烟缭绕；如意象征事事顺心如意；聚宝盆代表财富绵绵，金玉满堂。

◆文化点评：

多宝阁是一种从清朝开始流行的独特家具。它的特点在于格内会有很多高低不齐、横竖不一、错落参差的空间。使用者可以根据格子的特色摆放不同的陈列品。多宝阁打破了视觉上横竖连贯、富有规律性的格调，开辟了一种新奇的意境。

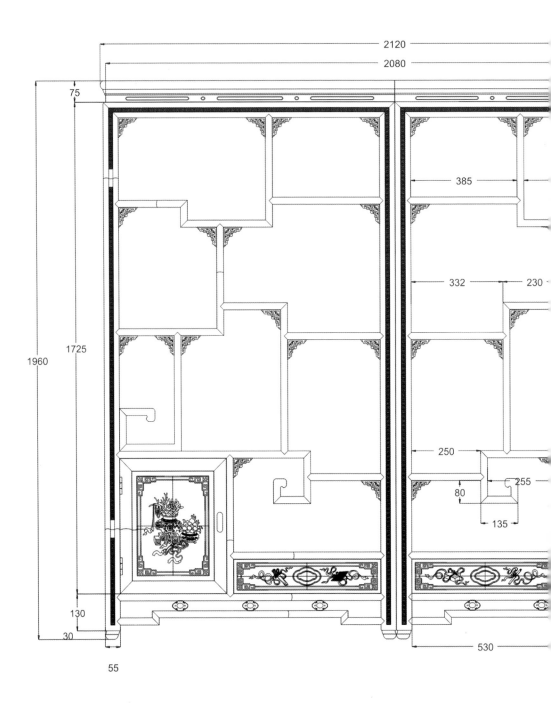

金玉满堂书柜
——cad 图

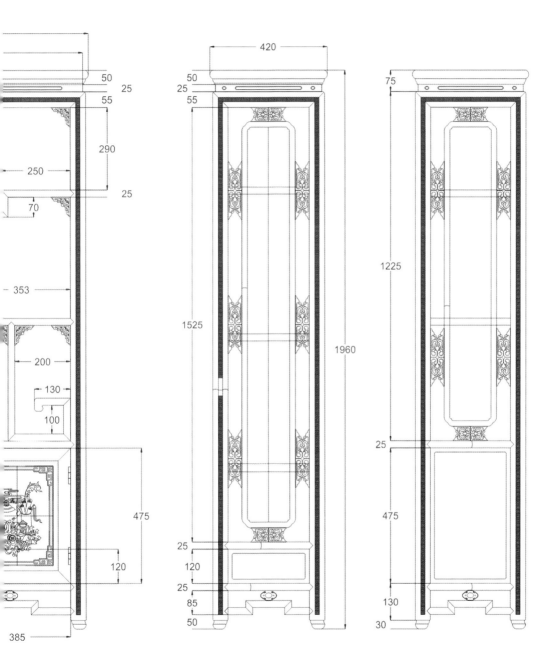

※ 金玉满堂雕刻图

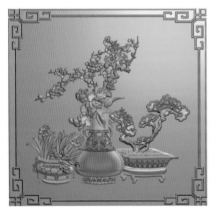 

杂八宝

回纹

卷草纹

如意卡子花

抽屉面

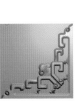

蝠纹角花

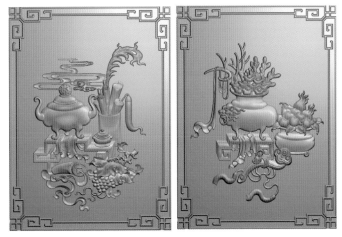

杂八宝

※ 金玉满堂罗汉床

◆款式点评：

此罗汉床三面围板，三屏式床帏，床身束腰，镶绦环板，搭脑呈卷书状。围板上全都雕刻了寓意吉祥富贵的图案，雕工精美，动静有致。床腿雕刻有回纹图案，罗锅伥加如意纹卡子花。脚榻，小几等搭配和谐，纹样一致。整器和谐统一，极富美感。

◆图纹寓意：

　　莲藕、荔枝、桂圆代表连中三元；梅花、荷花代表了品质高洁；灵芝、仙桃代表富贵长寿；宝盆、祥云代表富贵绵长；如意代表事事顺心。

◆文化点评：

　　古代常见的卧具一般有四种，分别是罗汉床、榻、架子床和拔步床。在这四种卧具中，罗汉床和榻是既可以用来休息又可以用来待客的多用卧具。在罗汉床上待客，算的上是古代待客的最高规格，这一传统一直延续到了清末民初。特别是在清朝的时候，以罗汉床来待贵客已经成为一种定式。

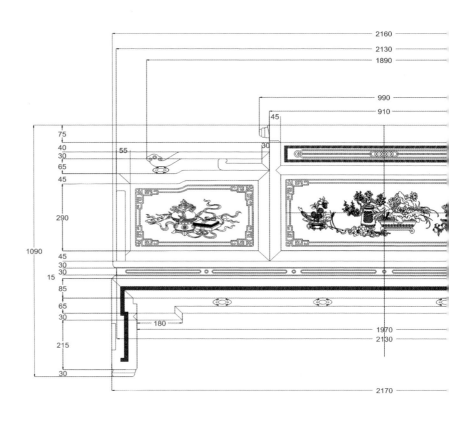

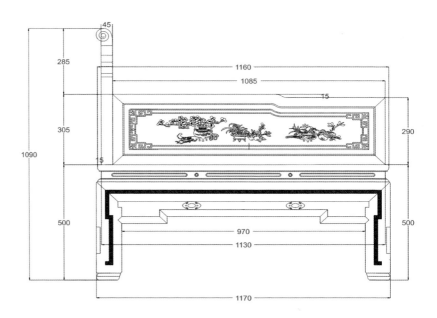

金玉满堂罗汉床
——cad 图

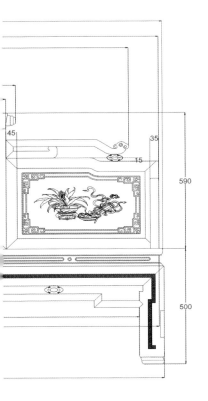

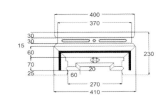

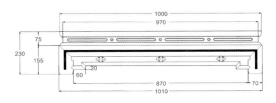

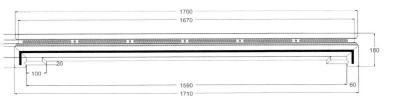

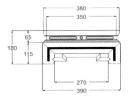

<h1 align="center">※ 金玉满堂圆台椅</h1>

◆款式点评：

　　此圆台造型优美，雕工精细，圆形的桌面和转盘都雕有生动的水生图案，在水草中嬉戏的金鱼、互相追逐的鲤鱼等；圆形的桌面和圆柱体的桌柱，象征了和谐圆满。这款圆台椅整体线条圆润流畅，造型优美，高雅别致。

◆图纹寓意:

桌面被分成八面,每一面都雕刻有水草和水生动物,雕工精细,生动活泼;中间的圆盘上雕刻了围绕水草嬉戏的金鱼,象征金玉满堂、年年有余;桌面呈圆形,桌柱呈圆柱形,象征了和谐圆满。椅背上雕刻有蝙蝠纹样,象征福到眼前;搭脑呈卷书状,秀气典雅;搭脑旁雕有如意,代表事事顺心;圆台和椅子的边缘都雕刻有象征富贵连绵的回纹。

◆文化点评:

圆是中国古式美学重要的标准之一,因此大方简洁的圆台很符合中国古典美学文化中的"圆美"。其实中国古典文化在各个艺术领域中都追求着圆美,结合了古典家具的壮丽和古典美学圆美的圆台,象征着团圆美满之意,适用于各种场所。摆放在家中更是符合了国人对于团圆的渴望和对于家和万事兴的期盼。

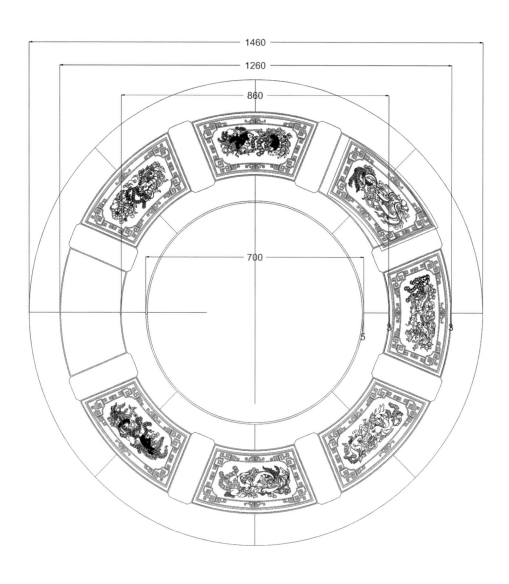

1460

1260

860

700

金玉满堂圆台
——cad 图

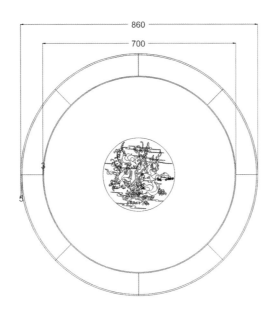

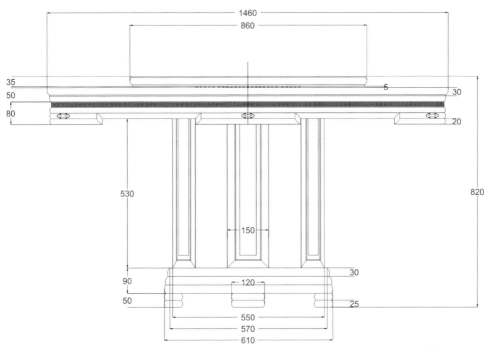

※ 金玉满堂雕刻图

杂宝纹

道八宝

如意纹

如意卡子花

桌面雕刻

金鱼纹

福在眼前

※ 金玉满堂餐桌椅

◆文化点评:

　　餐桌作为生活中必不可少的用品，出现在千家万户的家居装饰中。古典家具中的餐桌与书桌相比大多数装饰较为简单，古典餐桌的特色便是浑然天成的木纹，与其多变化的自然色彩，餐桌和餐椅的造型风格一致。此款餐桌雕饰较少，简洁实用，古朴的造型和简单的雕饰中，似乎蕴含了悠久的饮食文化，令人喜爱。

◆款式点评：

　　这款家具桌案呈长方形，独版做成，雕有拦水线，桌案高束腰镶绦环板，桌腿皆雕回纹，罗锅枨搭配如意宝石纹卡子花。椅背雕有蝙蝠纹样，雕工细腻，装饰优美。整体显得端正大方，雕工精湛，雅致稳健。

◆图纹寓意：

　　此套餐台椅桌面光素，洁净而优雅，桌腿的回纹象征了富贵不断；如意宝石纹的卡子花代表了事事顺心如意。椅背的卷书状搭脑线条圆润，两旁的如意雕饰寓意吉祥，椅背上的蝙蝠纹样象征福到眼前。

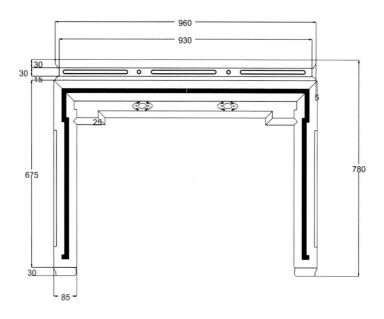

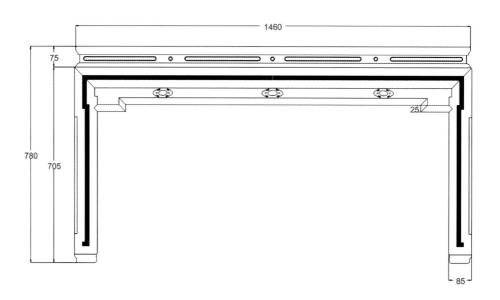

金玉满堂餐桌椅
——cad 图

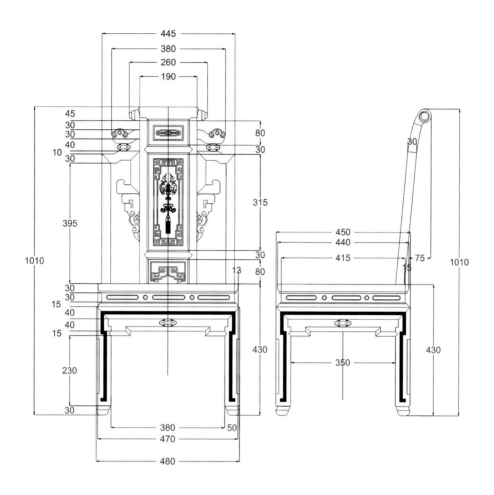

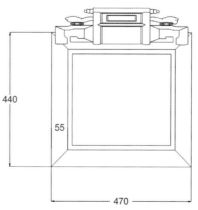

※ 金玉满堂大床

◆款式点评：

此床雕工精致，床头有卷书式的搭脑；搭脑两侧配饰如意；背板两侧延伸至床头的床头柜处；背板上为回纹边框，下饰云纹，云纹间雕蝠衔金钱纹样，两个圆框中雕有聚宝盆和香炉等。延伸出的部分被雕刻了梅花和竹子，床头柜高束腰镶绦环板，柜顶素净无雕花；下方有抽屉，以如意宝石纹作抽屉把手。床腿部都有回纹雕饰，罗锅枨加如意宝石纹卡子花。整体工艺精湛，简洁流畅，搭配和谐统一。

054

◆图纹寓意：

云纹象征着人们风调雨顺的期盼和渴望；回纹象征着连绵不绝，财富不断；灵芝象征着吉祥和长寿；香炉香烟缭绕，聚宝盆象征财富不断，财源广进；梅花和竹子代表品质高洁，人品卓越；做成如意宝石纹的抽屉把手象征着将如意和财富掌握在手中。

◆文化点评：

经过千百年的演变，床已经不仅是一件休息用的卧具，也可以是一件精美雅致的工艺制品，更是卧室家具中的主体，兼具了装饰的作用。

此床并不是传统家具的常见样式，而是在融入了现代家居需求后，推陈出新产生的新式古典家具。整个床的造型大气流畅，古朴典雅；床两侧的柜子可以收纳物品，柜顶可以摆放灯具等物。正是因为这种大床考虑到了家居生活中的需求，因此它已经逐渐成为了新古典家具中的新贵。

※ 金玉满堂梳妆台

◆款式点评：

此梳妆台款式简洁大方，桌案高束腰镶绦环板，桌面素净，仅雕有拦水线做装饰，镜框镶于桌面上，雕有回纹装饰。正面有两屉，屉面雕花精美；以如意纹做抽屉拉手，侧面雕有丝带缠绕的铜钱，雕工精细。整器精致隽永，空灵雅致，韵味十足。

◆图纹寓意：

丝带缠绕的铜钱象征金钱环绕，以博古线环绕的抽面上雕刻着代表心灵相通的犀角，这些都是象征吉祥的古典纹饰。环绕镜框的回纹样式象征了富贵绵长；如意纹的抽屉拉手代表手握如意，事事顺利。

◆文化点评：

梳妆台古时称"妆奁"，是古代妇女专用的梳妆盒或镜台。在宋词中有很多关于梳妆台的词句"慵拂妆台懒画眉。此情惟有落有花知。流水悠悠春脉脉，闲倚绣屏，犹自立多时。""起傍妆台低笑语。画檐双鹊尤偷顾。知指遥山微敛处。问我清癯，莫是因诗苦。"等。由此可见宋朝时梳妆台已经成为了家居用具与装饰品。这种家具历经岁月的洗礼，至今依旧是家居装饰中的常客。

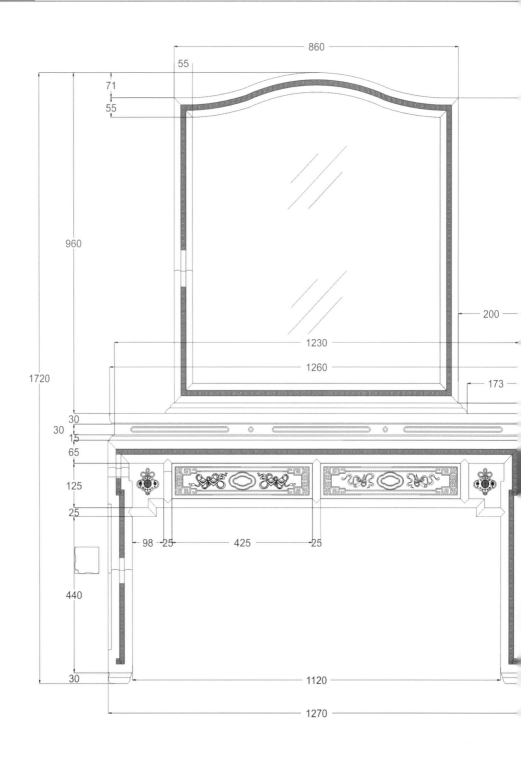

金玉满堂梳妆台
——cad 图

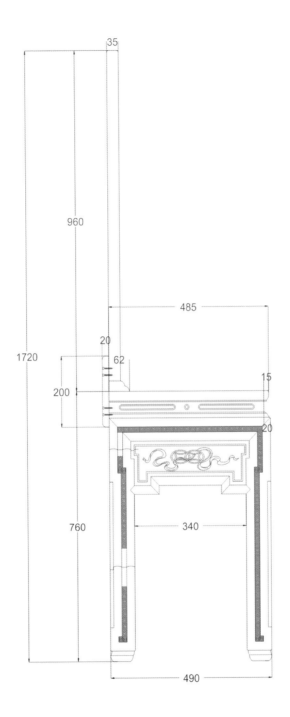

35

960

1720

485

20

62

15

200

760

20

340

490

※ 金玉满堂五斗柜

◆款式点评：

此柜柜帽圆角喷出，高束腰镶绦环板，柜身纵长方形，四周皆以回纹雕饰，侧身素无雕饰，柜下加罗锅枨和如意纹卡子花式矮老。此柜共有五屉，屉面皆有如意状凹形把手，把手两旁皆雕刻有丝带缠绕的花纹。整器古朴庄重，雕工精细，美观实用。

◆图纹寓意：

回纹象征富贵不断，绵绵不绝；如意象征事事顺心，皆如己愿；丝带缠绕的如意、灵芝、鹿角、犀角等物代表福禄寿喜皆环绕家中，是古典家具装饰中常见的吉祥纹样；上层屉面上的琴棋书画等，则象征诗书礼仪无一不通，琴棋书画无一不精。

◆文化点评：

五斗柜虽然造型简洁，但是实用性很强，是家居摆设中常见的一种。斗在这里是抽屉的意思，五斗柜就是有五个抽屉的长方形柜子。中式家具中的五斗柜大多造型简练，装饰精致，雕工细腻但并不繁琐，是典型的复古明代家具款式。

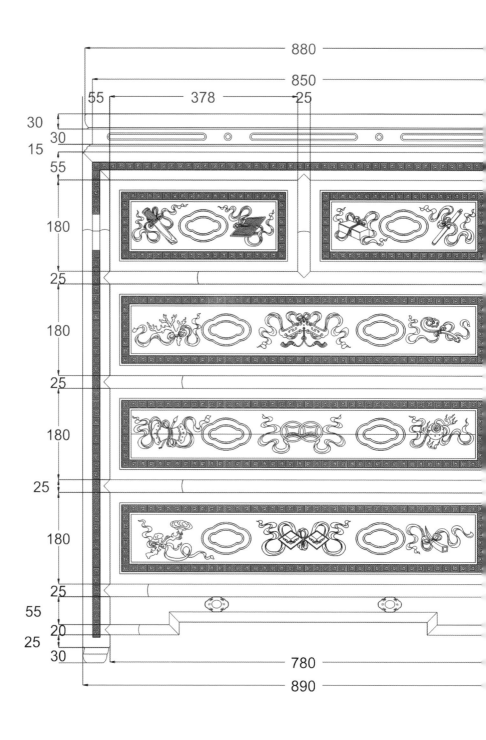

金玉满堂五斗柜
——cad 图

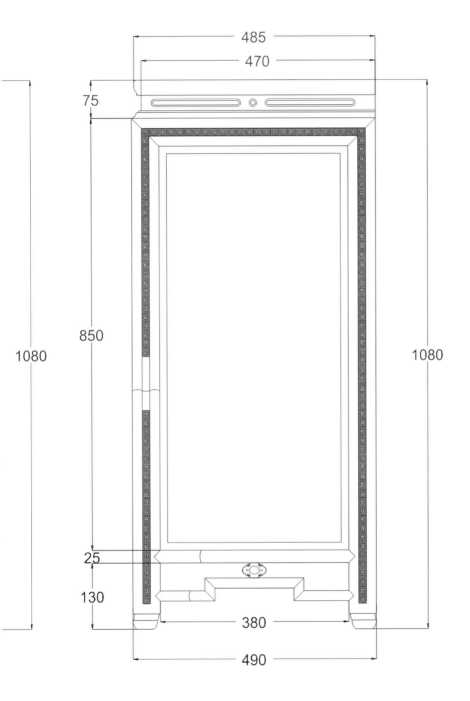

485

470

75

850

1080

1080

25

130

380

490

※金玉满堂雕刻图

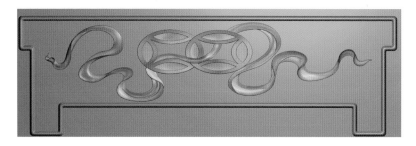

金钱纹抽屉侧板

如意纹卡子花

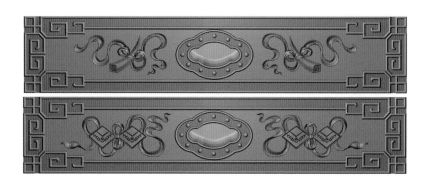

抽屉面

琴棋书画抽屉面

杂宝纹抽屉面

※ 金玉满堂衣柜

◆款式点评：

此衣柜整体呈长方体，柜帽沿为圆角，向四面凸出，高束腰镶绦环板，柜面边沿雕刻回纹装饰。衣柜正面四扇柜门两两对开，柜门上以博古线环饰，雕有花几和插瓶，瓶中分别插有梅花、荷花、菊花和月季，并配以诗文；还分别雕有兰草、竹子、葡萄、石榴等物；下方是三屉，屉面以回纹环绕，雕有丝带缠绕的犀角、毛笔等。最下方是罗锅枨配以如意宝石纹。整器显得高贵大方，端庄典雅，熠熠生辉。

◆图纹寓意：

四扇柜门上雕刻了植物和诗文，显得古趣盎然，清新雅致；灵芝和桃子象征了长寿；如意象征心想事成；葡萄和石榴代表子孙万代，多子多福；竹子、莲藕、荷花象征品格高洁，出淤泥不染，不折不弯；绑在一起的书和剑代表文武双全。柜门处的百吉纹象征事事如意，万事吉祥。

◆文化点评：

此衣柜没有顶柜，算是单独的整体衣柜。此柜体型较大，造型稳重，柜门为拉门，表面雕花精细，不仅起到了储藏的作用，还有美化和装饰居室的作用。柜门上雕刻有"不经一番寒彻骨，那得梅花扑鼻香"、"九品荷花观自在，般若经中悟禅机"等诗句，显得精致文雅，大方美观。

金玉满堂衣柜
——cad 图

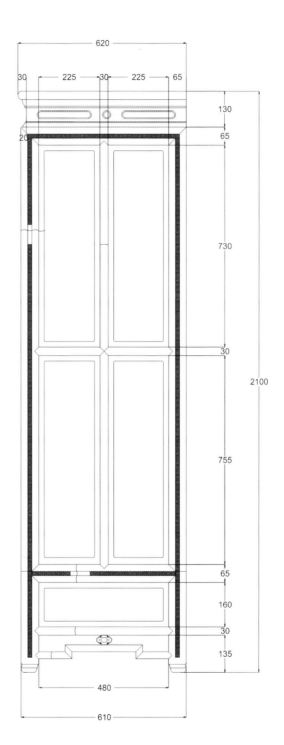

何须浅碧深红色
自是花中第一流

※金玉满堂衣柜雕刻图

百吉纹

衣柜门

抽屉面

回纹

秋菊黄花珍异艳
独荣菀帔怡挥艳

何何此花繁艳足
四时长放艳群红

衣柜门

抽屉面

※ 八仙沙发

◆图纹寓意：

　　八仙图案是我国古典家具中的常见纹饰，八仙齐聚代表了长寿之意；卷草纹和如意纹刻在一起，象征了事事如意，绵绵不绝；西番莲纹造型优美，代表富贵吉祥；搭脑下方雕刻的宝盆等物象征了富贵吉祥、平安永驻；博古线古朴雅致，典雅高洁；云纹不仅象征了对风调雨顺的期盼，还代表如意和高升。

◆文化点评：

此沙发包含了吉祥长寿的寓意，雕工精美繁缛。不仅将传统家具制造的工艺和审美与人体工程力学巧妙的结合，还将中国流传千年的神话故事雕刻其上，引入丰富的文化内涵，工艺水平超凡脱俗、炉火纯青。

◆款式点评：

此沙发背板有弧度，搭脑选用如意云头型，托牙角雕有角花，古朴雅致；腿部是卷云纹展腿；沙发腿之间选用壶门牙板，雕有云纹和博古线；高束腰镶绦环板；背板处雕有八仙纹样，两旁雕有如意等物；扶手整体攒回纹，扶手中镶板上雕有西番莲纹。整体雕工精美，古朴大方，纹饰华丽。

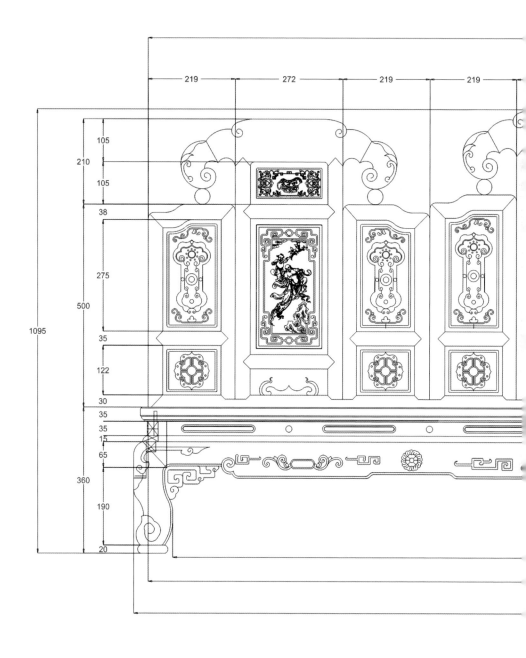

八仙沙发

——cad 图

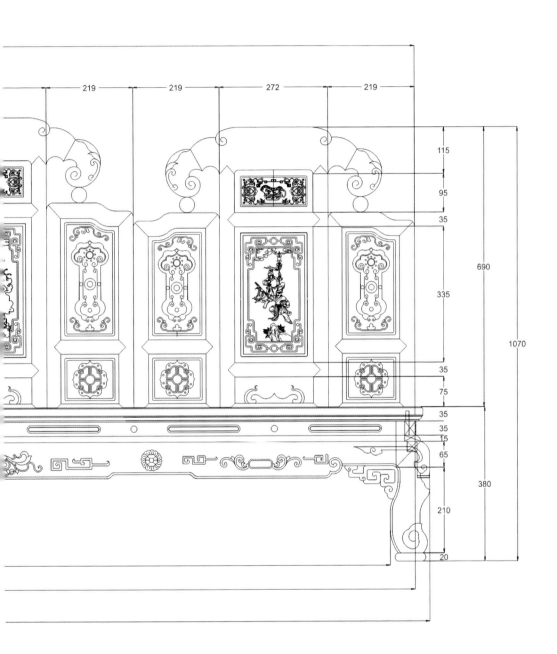

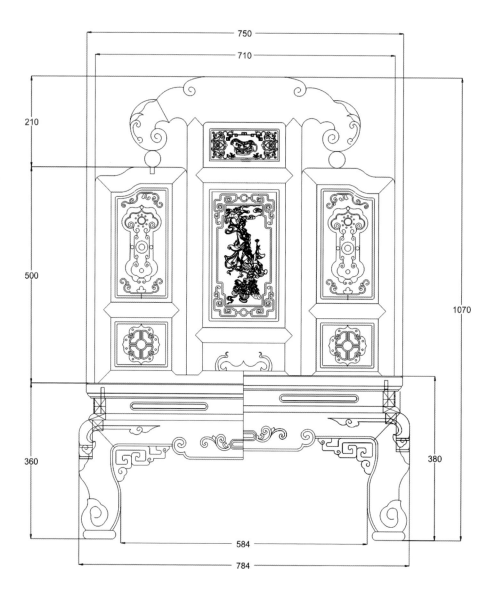

八仙沙发
　　——cad 图

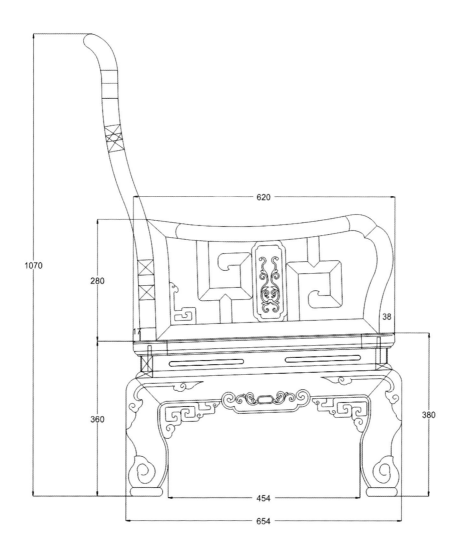

620

1070

280

38

11

360

380

454

654

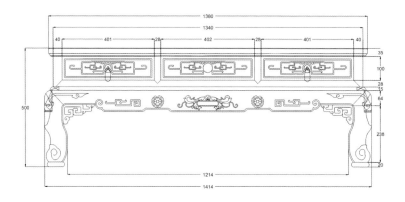

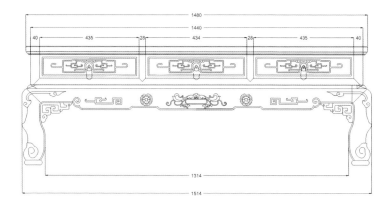

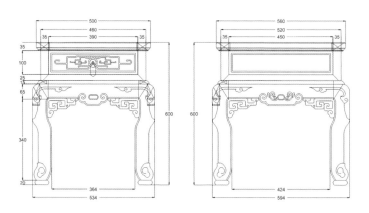

八仙沙发
——cad 图

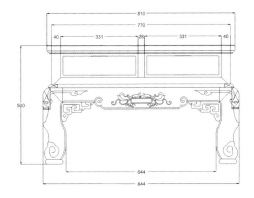

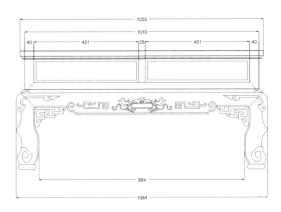

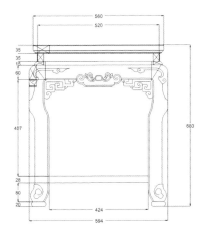

※ 八仙沙发雕刻图

沙发背板

聚宝盆

卷草纹

回纹

西番莲纹

※ 八仙电视柜

◆款式点评：

此柜柜帽为圆角，向外凸出，柜面平滑无装饰，无束腰；柜身有四屉，屉面雕刻暗八仙纹样，屉面有"U"形黄铜拉手；柜身下部为壶门牙子，饰回纹角花，雕有博古线和卷草纹等作为装饰，柜腿是卷云纹展腿，下承托泥。整器端庄大气，纹饰生动，自然流畅，赏心悦目。

◆图纹寓意：

　　暗八仙的纹案又叫道八宝，分别是花篮、箫管、玉板、葫芦、荷花、蒲扇、鱼鼓和宝剑，代表了八仙齐聚，各显神通，象征了福寿绵长；暗八宝之间雕刻云纹，象征了风调雨顺，步步高升，心想事成；壶门牙子上的卷草纹则象征了生生不息，绵绵不绝。

◆文化点评：

　　电视柜是为了方便现代人们家居生活而出现的。造型古朴的电视柜是新古典家具中重要的组成部分之一。铜制的"U"形拉手让整个家具显得古朴灵动，精美的雕花更让家具拥有了高贵优雅的气质，是家居摆设中重要的存在。

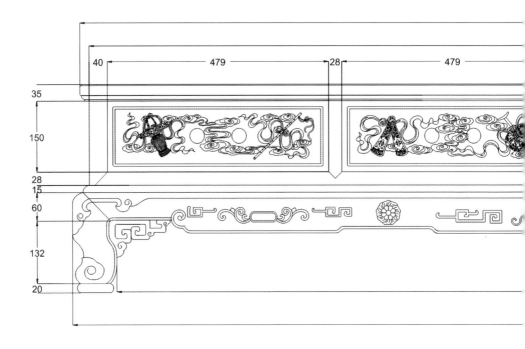

八仙电视柜
——cad 图

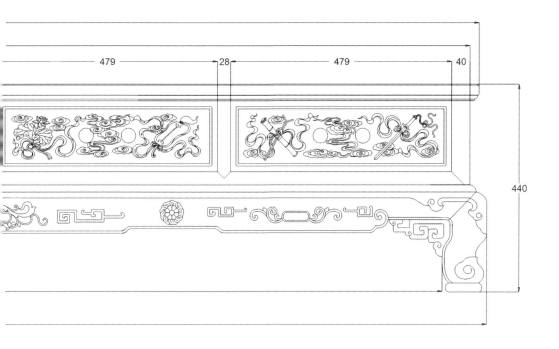

479　28　479　40

440

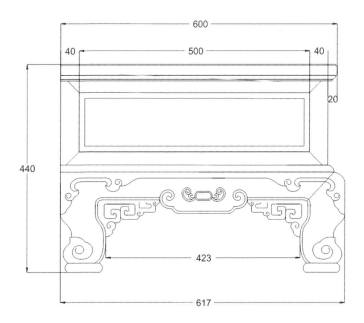

600

40　500　40

20

440

423

617

※ 八仙电视柜雕刻图

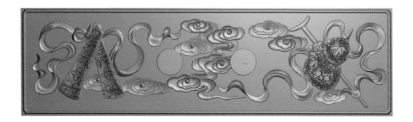

道八宝

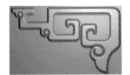

回纹角花

腿面雕刻

※ 八仙写字台

◆款式点评：

此写字台桌面独板而做，光素无雕花；中间一屉，两侧各三屉，一共七屉。下方有托泥和棂格脚榻；托泥面雕博古线，上有镂空铜钱纹和博古线；挡板有卷草纹和博古线镂空，挡板面雕八仙捧寿图；侧面雕有五福捧寿图。椅背上雕刻有蝙蝠和双鱼的图案，扶手雕有番莲纹。整器寓意深远，雕工精致，古朴灵动。

◆图纹寓意：

写字台上雕刻的八仙捧寿图象征福寿绵长，富贵永享；两旁雕有仙鹤图和鹿鸣图，仙鹤有"鹤寿千岁，以极其游"的寓意，代表"鹤寿延年"；图上的仙山、松柏、仙桃等都有此意；鹿在古代是一种神物，据说骑鹿可以升仙，也有长寿之意。博古线典雅高洁；铜钱纹代表财源广进；侧边雕刻的五福捧寿图也有长寿富贵之意。椅上雕刻的蝙蝠和双鱼代表福在眼前，年年有余；西番莲的图案则象征了富贵吉祥。

◆文化点评：

　　写字台是家居装饰中常见的样式之一。做工讲究、雕刻精美的写字台是书房中不可或缺之物。古韵盎然的写字台更容易让人融入书本之中，体会到浓郁的文化气息。八仙捧寿纹样寓意深远，生动灵活的雕刻使写字台更像是一件大型的工艺品。

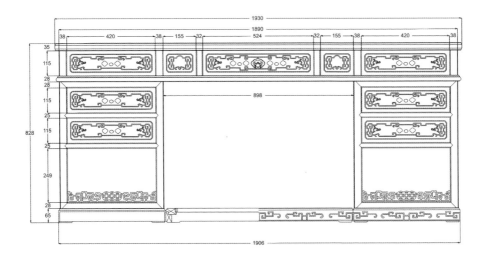

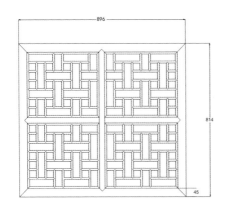

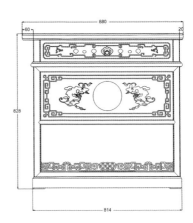

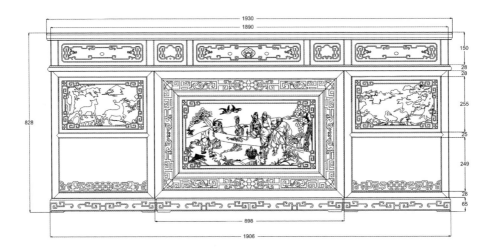

八仙写字台
　　——cad 图

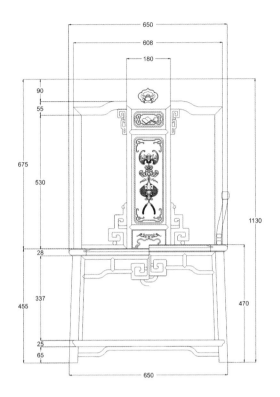

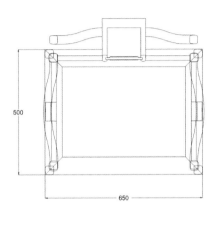

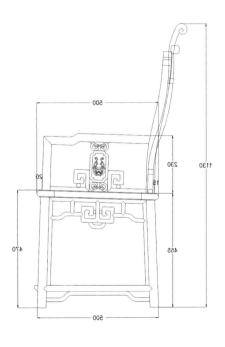

※ 八仙写字台雕刻图

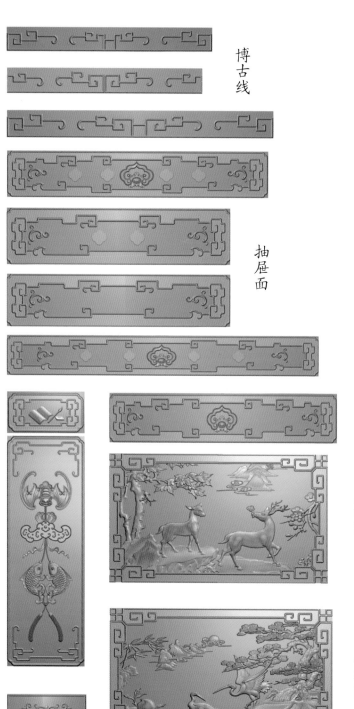

博古线

抽屉面

福庆有余

鹿鸣图

仙鹤图

金钱纹

蝠寿纹

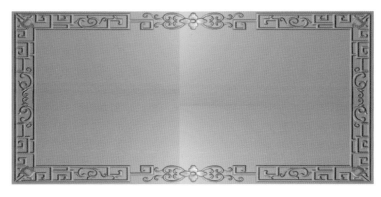

台面

八仙贺寿

※ 八仙书柜

◆款式点评：

此柜通体方正，显得刚劲而有力，四扇柜门两两对开；柜腿采用内翻马蹄设计，意趣古朴；正面分上、中、下三部分，上部柜门四周镂空，以如意纹饰连接分别雕有琴棋书画柜板；中部是四屉，屉面雕有博古线和卷草纹，装有黄铜拉手；下部是四扇柜门，柜门面板分别雕有以灵芝云纹、蝙蝠缠绕的暗八仙纹样。

◆图纹寓意：

香炉青烟袅袅，松柏苍健，诗句笔画流畅，苍劲有力；琴棋书画等雕饰和书房的气氛相得益彰，象征诗书满腹、才华横溢、样样精通；如意的雕刻象征心想事成，万事如意；灵芝云纹和蝙蝠缠绕的暗八仙纹样象征福寿绵长；牙板处雕刻的缠枝莲花图案象征绵绵不绝，福寿永享；黄铜的合页和拉手与柜身颜色相称愈显得颜色鲜明，贵气逼人。

◆文化点评：

此书柜采用传统样式，雕花精美，构图细腻，做工考究，是书房中的必备家具之一。书柜整体方正，线条流畅，古朴雅然，妙趣横生，不仅是一件家具摆设，更算得上是一件做工细腻的工艺品。

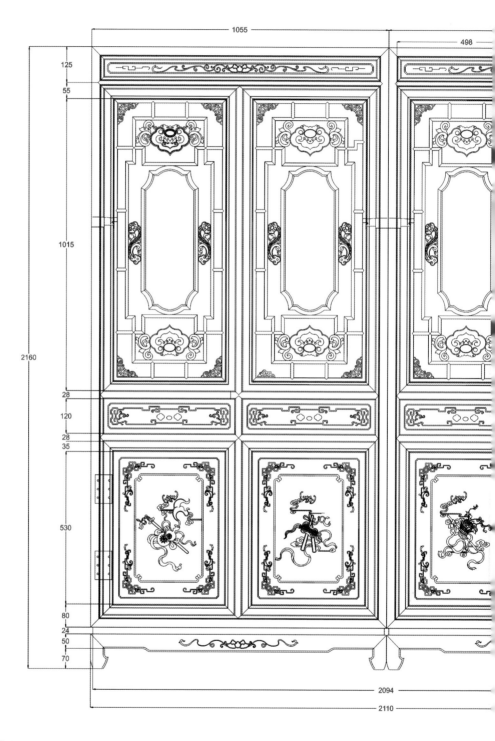

八仙书柜
——cad 图

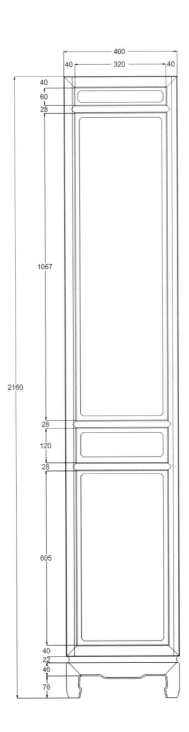

※ 八仙书柜雕刻图

暗八仙柜面

琴　　　　棋　　　　书　　　　画

牙角

如意纹

如意卡子花

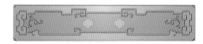

抽屉面

卷草纹

※ 八仙罗汉床

◆文化点评：

　　罗汉床是我国古典家具中重要的存在，是古代常见的卧具之一。罗汉床的功能不仅仅在于休憩，更是一种较为重要的待客工具，主人用罗汉床待客，不仅显得尊贵华丽，更是一种对客人的重视。从《韩熙载夜宴图》开始，我们经常可以看见古人以榻或罗汉床为中心待客的画作，这种礼仪在清代时称为了一种定式。古人常说的"扫榻以待"中的塌，一般指的就是罗汉床。

◆款式点评：

此床造型为五屏风式，床身束腰，采用清式回纹马蹄；牙板处雕博古线和卷草纹为饰；两侧屏上雕有聚宝盆、元宝等物；正面的三扇屏上雕有丝带缠绕的暗八仙纹，构图优美，做工精细。整器庄重大方，美观实用。

◆图纹寓意：

罗汉床上雕刻的博古线古朴幽雅，卷草纹舒展流畅；暗八仙纹饰细致精巧，丝带飘逸灵动；元宝和聚宝盆等物代表财源广进，衣食无忧，金玉满堂；暗八仙纹代表八仙齐聚，福寿无双。

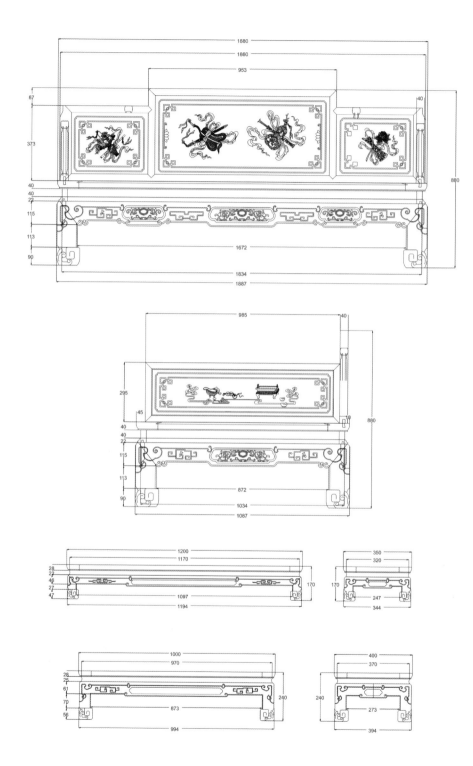

八仙罗汉床

——cad 图

※ 八仙罗汉床雕刻图

八宝纹

腿足

蝠纹牙板

※ 八仙大床

◆款式点评：

此床搭脑选用了如意云头型，背板延伸至床旁的两个矮柜之上；背板上方雕有暗八仙纹样，下方雕有缠枝莲花；延伸处雕有酒杯、酒爵；床体高束腰，束腰处雕有暗八仙纹饰；清式回纹马蹄床脚，壶门牙子处雕有祥云和蝙蝠纹样。两旁床头柜柜门圆角喷出，回纹马蹄柜脚，壶门牙子处雕有卷草纹样，屉脸装有云纹黄铜拉手。整器高贵典雅，雕饰繁缛，华丽大方，熠熠生辉。

◆图纹寓意：

祥云围绕的暗八仙纹样代表福寿康宁；酒杯酒爵纹样精美，古朴雅致；蝙蝠纹样代表福寿双全；祥云纹样象征了风调雨顺、心想事成、步步高升；缠枝莲花图案象征了和谐美满，缠绵到老；卷草纹样则代表福寿绵长，绵绵不绝。这些雕刻纹饰都象征了人们对福寿康宁，多福多寿的美好期望。

◆文化点评：

大床是新式古典家具中较为重要的一种。床是我们每天都会接触和实用的家具之一，一张雕工精美、款式大方的大床会给我们每天的休息带来更为美好的感觉。更重要的是，床已经成为现在卧室装修中的主体，将一张古色古韵、端庄大方的床摆在卧室之中，不仅可以提供舒适的休憩场所，更能给我们带来美好的视觉享受。

116

341

1255

28

100

40

38

135

22

130

154

40

390

28

390

八仙大床
——cad 图

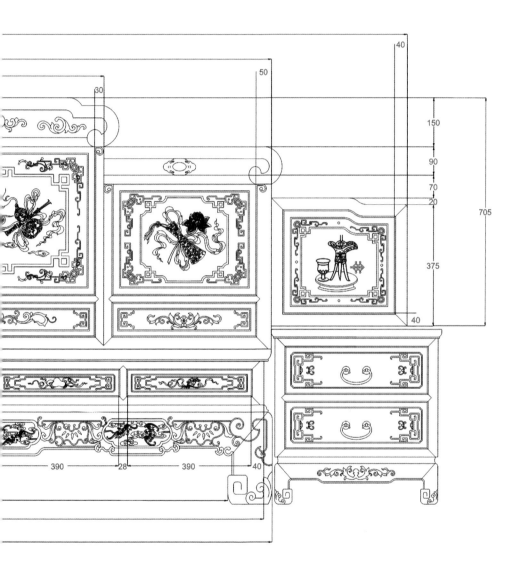

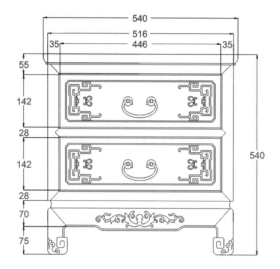

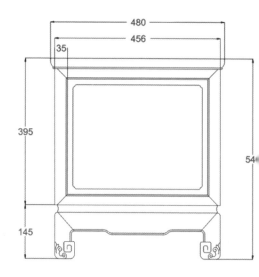

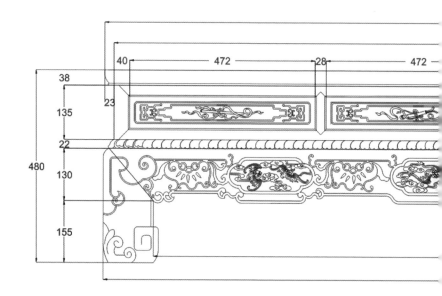

八仙大床
　　——cad 图

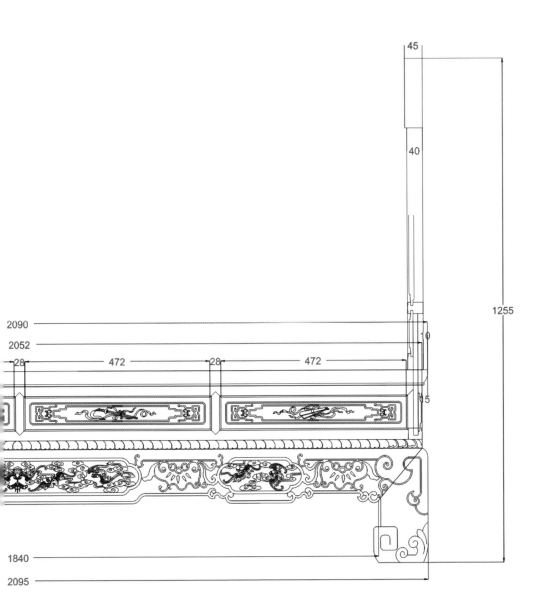

45

40

1255

2090

2052

28 472 28 472

5

1840

2095

※ 八仙大床雕刻图

西番莲纹

八宝背板

蝠纹牙板

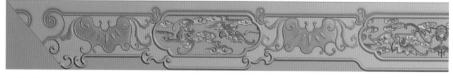

八宝背板

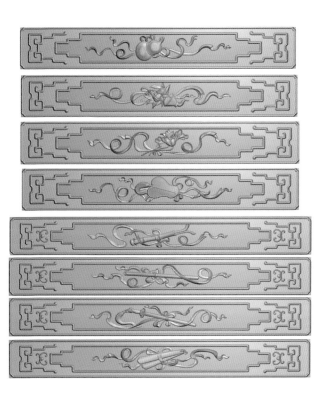

暗八仙纹

※ 八仙顶箱柜

◆款式点评：

此柜通体方正，四扇柜门两两对开，柜身镶有黄铜方合页和黄铜条面叶；牙板处雕有回纹、博古线、卷草纹、缠枝莲花等；柜门上雕刻有丝带和祥云、蝙蝠环绕的暗八仙纹样，精细流畅。顶柜柜门上雕有铜镜、莲花、香炉、瑞兽、元宝等。整器活泼灵动、华丽大方、做工精美。

◆图纹寓意：

博古纹古朴雅致，卷草纹缠绵不断，缠枝莲花端庄雅致，这些纹样皆寓意绵绵不断，富贵不到头；丝带和祥云象征福气环绕；蝙蝠和暗八仙纹样象征福寿双全；香炉烟气袅袅，精细灵动；莲花象征清雅高贵；瑞兽代表紫气东来，福寿永享；元宝、如意代表财源滚滚，事事顺心。

◆文化点评：

顶箱柜算是一件"大器晚成"的家具，又被称为"四件柜"，是一种组合式家具。又因为上面的顶箱小柜和下面的立柜相连，一竖到底，所以有时也被称为顶竖柜。这种柜子出现在明朝中后期，一经出现之后便迅速风靡，被人们广泛使用。顶箱柜的形体较大，造型端庄大气，在明清时期所用材料也非常讲究，所以这种家具也成为了富贵人家的专享之物。

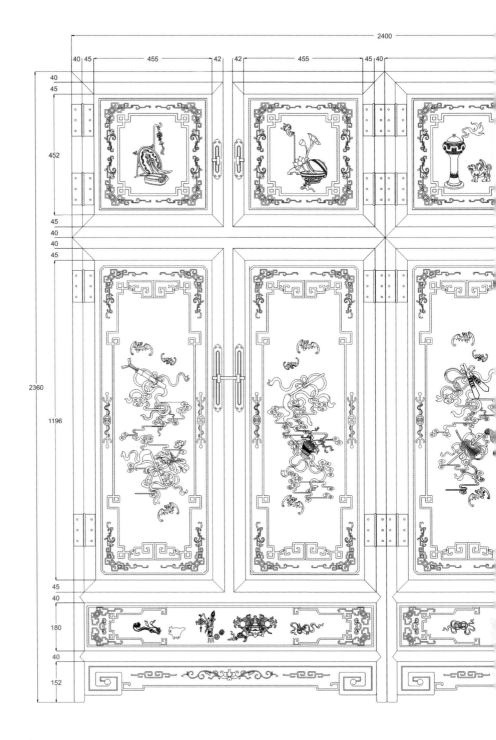

八仙顶箱柜
——cad 图

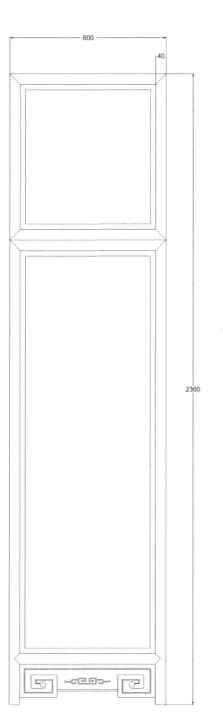

600

40

2360

※ 八仙顶箱柜雕刻图

铜镜图

 莲花图

 暗八仙纹

杂宝纹

西番莲纹

瑞兽图

如意元宝图

暗八仙纹

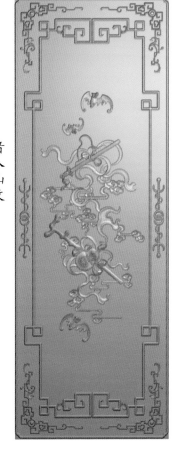

杂宝纹

西番莲纹

※ 竹节沙发

◆文化点评：

　　自古以来就有很多名人雅士题诗称赞寓意品质高洁的植物。关于梅，黄蘖禅师曾悟道"不经一番寒彻骨，哪来梅花扑鼻香。"；关于兰，王勃曾赞"山中兰叶径，城外李桃园。岂知人事静，不觉鸟啼喧。"；关于竹，丘逢甲曾说"拔地气不挠，参天节何劲。平生观物心，独对秋篁影。"；关于菊，郑思肖曾叹"宁可枝头抱香死，何曾吹落百花中。"这些都是古人借物言志，抒发情怀的作品。

◆款式点评：

此沙发搭脑成卷云状，采用榀格状托角牙；通体刻竹节纹，清新秀雅，品位脱俗。背板处弧度自然，以竹席底纹搭配梅、兰、竹、菊、茶花、牡丹等花样，显得清丽雅致。此沙发高束腰镶绦环板；绦环板上也以竹席底纹搭配梅兰等植物。扶手成坡式；装饰竹纹。整器清新自然，简洁明快，素雅大方。

◆图纹寓意：

竹席底纹生动明快，显得简约古朴；梅的清高，兰的幽洁，竹的刚劲，菊的隐逸让这些植物获得了"花中四君子"的称呼，将这些寓意高雅、刚正、纯洁的植物雕刻在沙发上，使整个家具都具有了超凡脱俗的清丽气息。通体雕刻的竹节纹代表了步步高升，寓意美好；牡丹号称"花中之王"，象征吉祥富贵；茶花号称"花中娇客"，是吉祥、长寿和繁荣的象征。

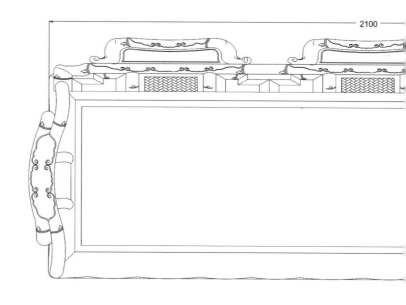

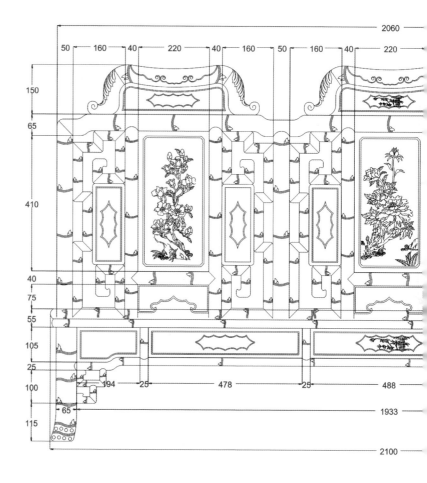

竹节沙发
——cad 图

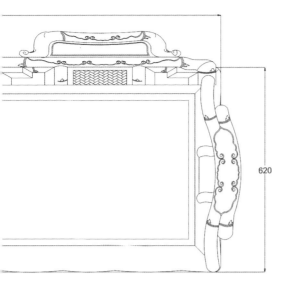

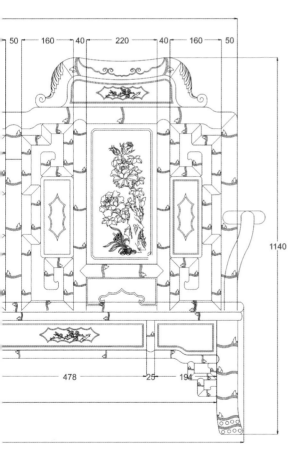

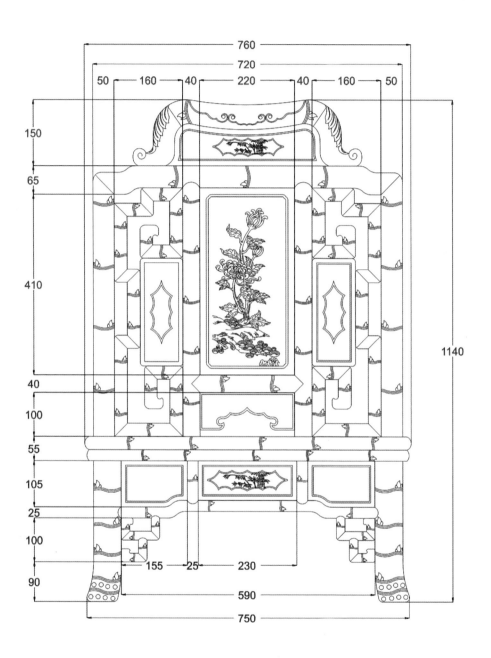

760

720

50 160 40 220 40 160 50

150

65

410

1140

40

100

55

105

25

100

90

155 25 230

590

750

竹节沙发

——cad 图

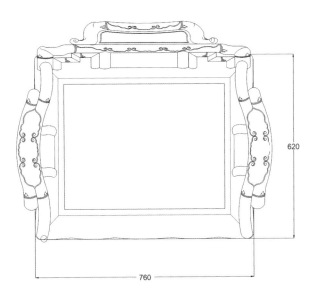

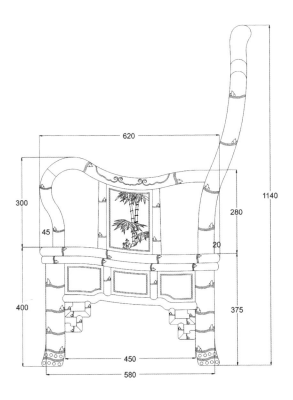

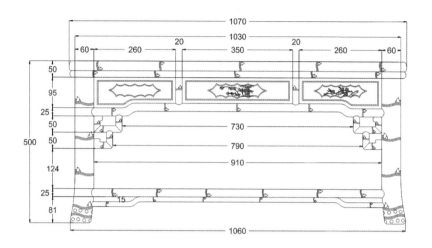

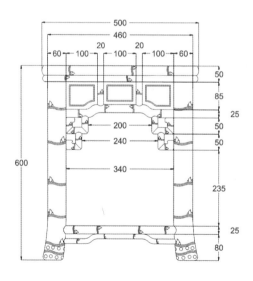

竹节沙发
——cad 图

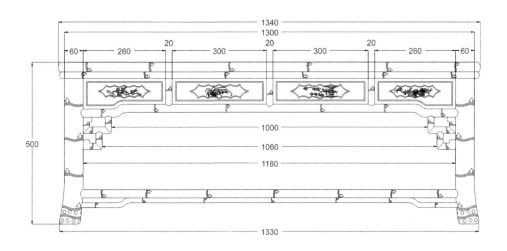

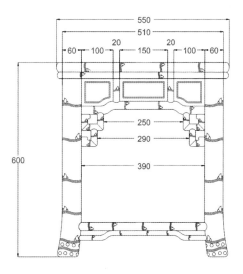

※ 竹节沙发雕刻图

牡丹

菊花

茶花

梅

兰

竹

菊花

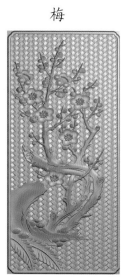

竹节系列

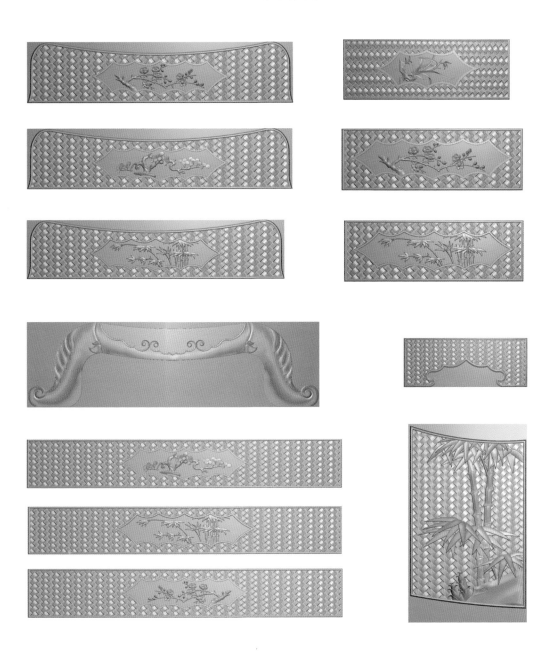

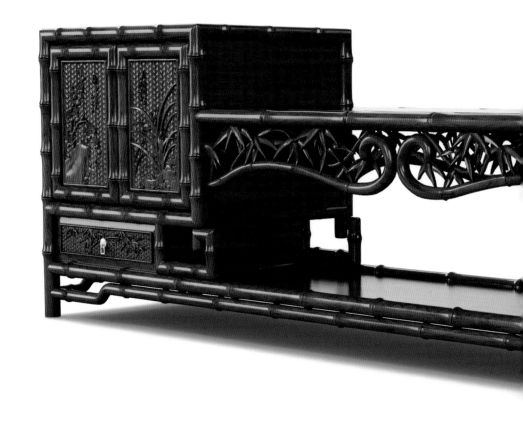

※ 竹节电视柜

◆文化点评：

  在电视柜的四扇柜门上，分别雕刻了一句诗词，以此概括植物的特征。不论是竹的"直视苍天傲暑寒"，还是梅的"雪舞长天彻地寒"；不论是兰的"质洁馨纯芳净雅"，还是菊的"笑傲寒临叙暮秋"，都为家居增添了文雅之气，整个家居的格调因此得到了提升。

◆款式点评：

此柜两边高，中间较低，柜腿处加罗锅枨，通体材质为竹。此柜两边皆是对开门的橱柜，可以收纳物品，柜门下有抽屉，屉脸装饰黄铜吊牌。中间略低之处为独版做成，壶门牙板镂雕竹子，尽显清雅剔透。整器清新别致，古朴大方。

◆图纹寓意：

电视柜的四扇柜门皆以古朴自然的竹席底纹打底，分别雕刻了象征品质高洁，刚直不阿，不惧困难，无畏风霜的梅、兰、竹和菊。使家居整体显得高雅大气，趣味盎然。屉面上雕有苍劲的竹，象征宁折不屈，努力奋斗，步步高升。

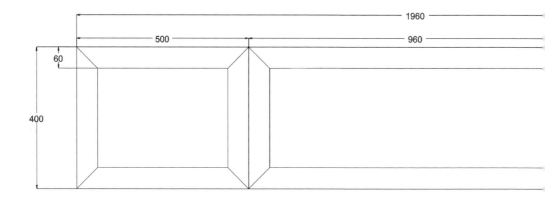

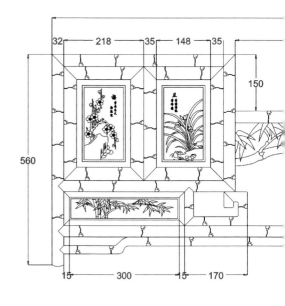

竹节沙发
——cad 图

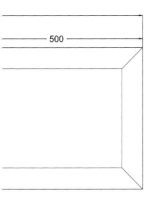

500

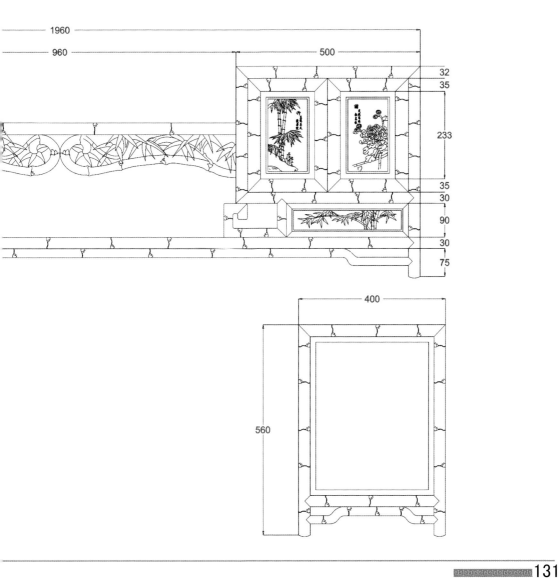

1960

960

500

32

35

233

35

30

90

30

75

400

560

※ 竹节电视柜雕刻图

席面竹

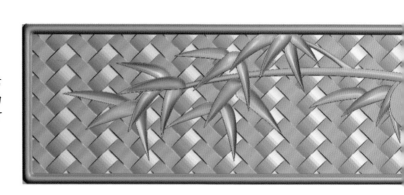

梅

兰

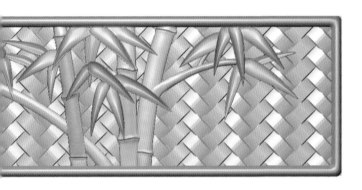

菊 竹

※ 竹节写字台

◆款式点评：

写字台通体架构为竹材质，上方台面为圆角向外凸出，下方托泥以棂格镂空；中间两屉，两侧各三屉，一共八屉，屉面皆雕以螭龙纹环绕的图案，或禽鸟林间漫步，或春燕嬉戏，或仙鹤临水；雕工精巧，活灵活现。抽屉下装有竹节形霸王枨。此写字台整体由竹制作而成，显得古朴大方，清新自然。

◆图纹寓意：

仙鹤自古以来就是象征了吉祥富贵的常见纹样，仙鹤飞来代表福气临门；春燕嬉戏代表万物复生、生气盎然；喜鹊站在梅树上，代表喜上眉梢；凤凰于飞，有凤来仪代表富贵绵长，高贵端庄；雄鸡报晓象征阳光降临，万物苏醒。这些纹样都代表了人们对生活的美好期盼。

◆文化点评：

写字台雕工精巧，每个屉面上皆雕刻了生动自然、活泼流畅的图案；"喜上眉梢"、"有凤来仪"等图案都包含了对未来的期盼和对美好生活的渴望。写字台造型端庄大气，竹节纹的装饰更为写字台增添了几分雅趣。

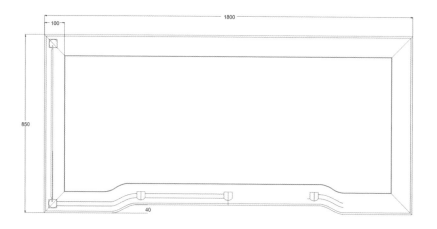

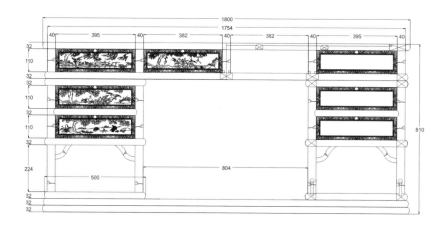

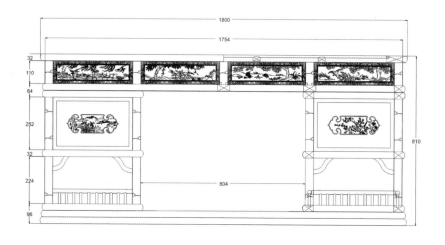

竹节写字台
——cad 图

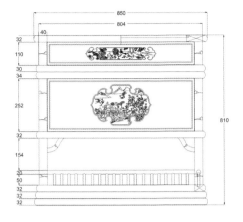

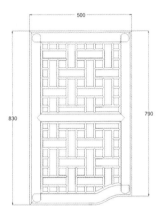

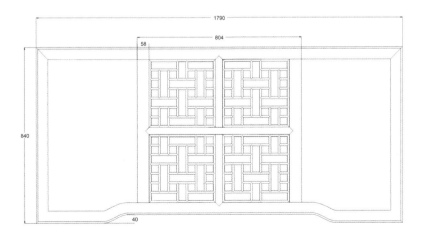

※ 竹节写字台雕刻图

喜上树梢

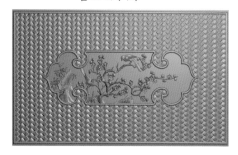

有凤来仪

雄鸡报晓

春燕嬉戏

万物复苏

凫鸟相戏

翩翩鹤舞

喜鹊争春

※ 竹节书柜

◆款式点评：

此柜呈齐头立方式，上半部为亮格，两边侧山皆以竹节状镂空，共分三档；亮格之下是两屉，屉脸装有吊牌；屉下是对开柜门，门上雕有竹席底纹和梅花、兰花等，装有条面叶，古韵盎然。柜腿为三弯式，壶门牙口处雕有竹叶纹样。整器清新高雅，雕工精巧，匠心独具。

◆图纹寓意：

梅兰竹菊是书房家具中常见的雕刻纹样，象征着读书人品质高洁，才气出众，翩翩君子；镂空的竹枝精巧逼真，雕刻的竹叶生动灵巧。竹枝不仅象征了刚正不阿，宁折不弯，还象征了破土而出，步步高升。

◆文化点评：

此书柜整体较为小巧，上半部分的竹节镂空活灵活现；梅兰竹菊的雕花不仅让书房中古趣盎然，更给书房中增添了几分自然随意。置身于其中让人仿佛置身于竹林，可以有效地帮助我们放松心情，摒弃杂念，专注畅游在知识的海洋之中。

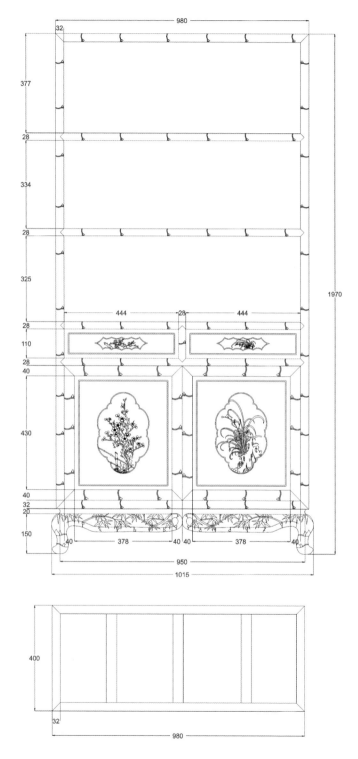

竹节书柜
　　——cad 图

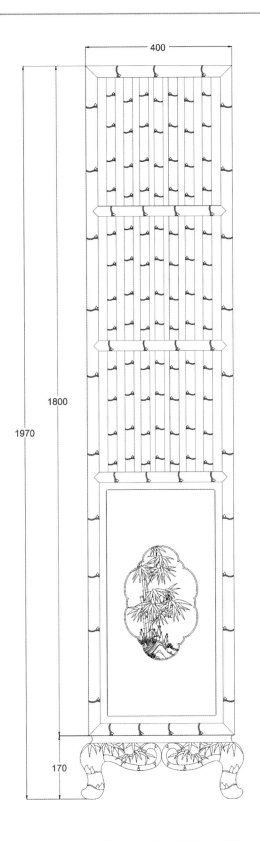

400

1970

1800

170

※ 竹节书柜雕刻图

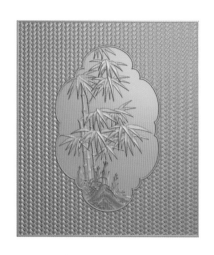

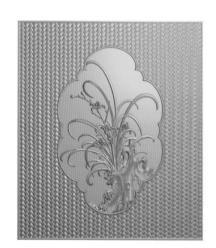

梅兰竹菊

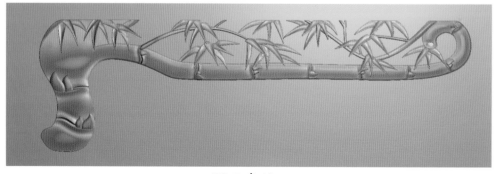

腿面青竹

抽屉面 柜侧面

梅

兰

竹

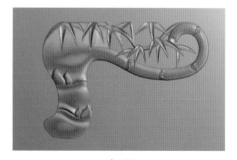

菊 柜腿

※ 竹节圈椅

◆文化点评：

圈椅线条舒张流畅，造型素雅，券口雕工精细，别有一番古朴雅趣之美；靠背处仅在竹席底纹之上浮雕螭龙纹作为装饰，造型独特，雕花精巧简洁；圈椅整体造型玲珑秀美，曲线柔婉，做工精细考究，美观实用。

◆款式点评：

圈椅造型古朴，椅圈三弯，扶手向外延伸而出；背板呈弧形，设计更符合人体力学原理。椅背处雕有竹席底纹，上浮雕螭龙纹样；通体上圆下方；前足间壶门圈口牙板上雕卷草纹。整器做工细腻，生动灵巧，精致独到。

◆图纹寓意：

螭是龙的一种，《汉书·司马相如传》有"蛟龙、赤螭"之载，其中"赤螭"一词，文颖注："螭，为龙子。"寓意祥瑞，吉庆。竹席底纹古朴自然，给人一种清新淡雅的感觉；卷草纹样象征绵绵不绝，富贵不断。

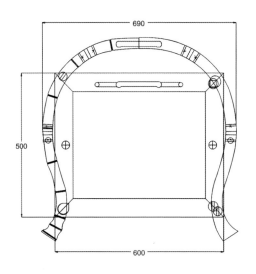

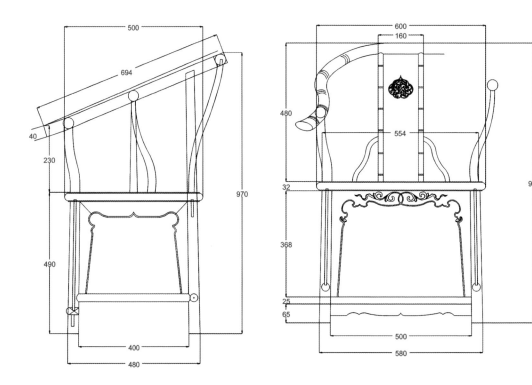

竹节圈椅
——cad 图

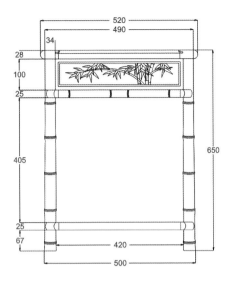

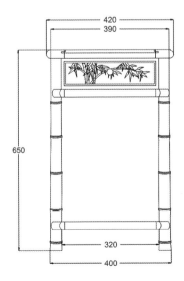

※ 竹节圈椅雕刻图

螭龙纹背板

竹纹

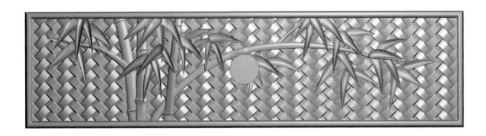

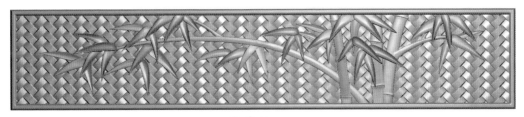

卷草纹

※ 竹节画台

◆文化点评：

通体竹节纹的画台自然雅致，韵味独特，台面光素，束腰处皆饰以竹席底纹，雕以竹枝竹叶，整体风格清新瑰丽，颇具空灵秀逸之感。作画于其上，不经意间就会感受到古时文人的抱负与情怀，体会到"竹林七贤"的萧萧肃肃，爽朗清举或是不拘礼节，独立特行。

◆款式点评：

此花台属于平头案，台面高束腰镶绦环板，中间雕刻以竹席纹为底的各色竹枝；画台腿为圆柱形，以竹节纹雕饰；霸王枨也是竹节纹，其上配有竹叶；画案面板光素，仅刻以拦水线。整器朴素大方，生动自然，造型别致，韵味十足。

◆图纹寓意：

竹席纹的装饰使画台显得古朴自然；雕刻的竹枝生动鲜活，灵巧细致；竹节状的霸王枨和竹叶使画案更加雅致动人。竹象征着气节，代表刚正不屈，宁折不弯，同时代表了不畏艰难，破土而出，步步高升。

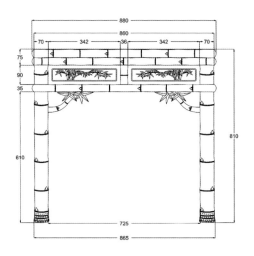

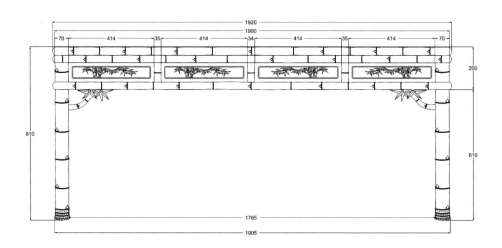

竹节画台
——cad 图

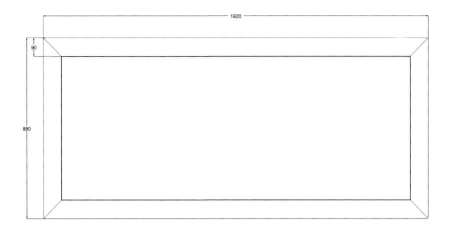

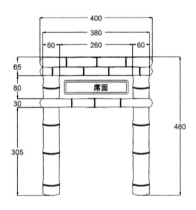

席面

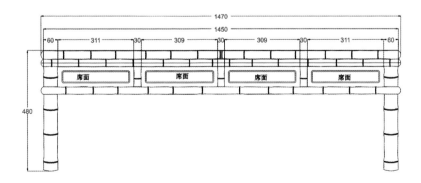

席面　　席面　　席面　　席面

※ 竹节画台雕刻图

竹席纹

竹节纹

※ 竹节餐桌

◆文化点评：

　　餐桌造型古朴自然，竹席底纹上的雕花刀法娴熟，做工精致；长方形的桌面素净，仅雕有拦水线装饰；餐桌通体的竹节纹线条圆润流畅，独具神韵。使用此餐桌，享受美食，不仅能够体会数千年中式饮食的文化和意义，体会苏轼说的"宁可食无肉，不可居无竹。"还能够带你体会魏晋名士开怀畅饮，纵情高歌时的肆意酣畅和洒脱。

◆款式点评：

这款家具桌案呈长方形，独板做成，桌面光素，仅雕有拦水线；桌案高束腰镶绦环板，以竹席纹为底，雕以梅兰竹菊等花木纹样；罗锅枨搭配棂格牙角。椅背雕有竹枝纹样，雕工细腻，装饰优美。竹节纹样环绕整器，整体显得端正大方，雕工精湛，雅致稳健。

◆图纹寓意：

竹子自古以来就是气节的象征，竹笋破土而出代表不畏艰险；竹枝笔直中空，有竹节，代表了气节；竹枝宁折不弯，代表刚正不阿；竹节向上生长，象征步步高升，平步青云。梅兰竹菊号称"花中君子"，象征不畏艰险，勇往直前。

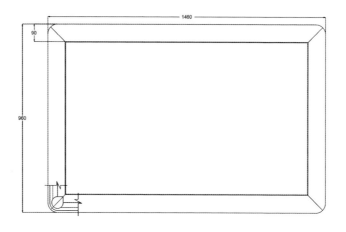

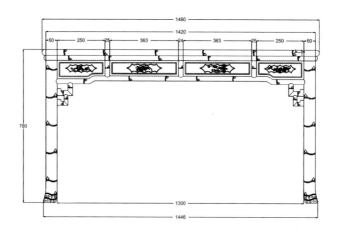

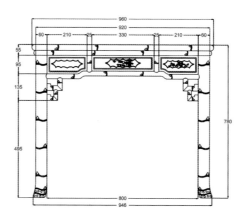

竹节餐桌
——cad 图

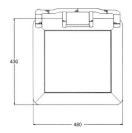

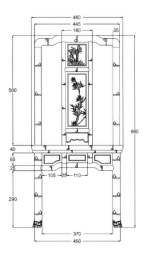

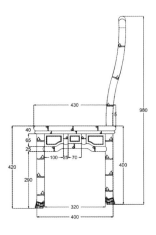

竹

兰

菊

梅

竹

※ 竹节大床

◆款式点评：

此床背板处以竹席纹为底，中间雕刻青竹，两旁各有圆形雕饰，分别雕刻有喜鹊月季和凤穿牡丹；背板下方雕刻有卷草纹，四周皆有卷草纹环绕；床脚处雕刻梅兰竹菊纹样；两侧抽屉以竹席底纹装饰，上镶以黄铜把手。整器端庄清雅，富贵大方。

◆图纹寓意：

梅兰竹菊代表气节，象征坚贞不渝；凤穿牡丹象征富贵无边；月季乃四季常开之花，喜鹊带来吉祥喜气；卷草纹代表缠绵和绵绵不断。整齐雕花象征了富贵不绝，财富不断。

◆文化点评：

大床的设计很大程度上节约了空间，床边的抽屉代替了床头柜，整个大床显得紧凑而稳重。整体的竹节纹让家具形态更加自然；竹席底纹和上面的雕花使床显得流畅隽丽；黄铜的抽屉拉手给整个大床增添了不一样的色彩。置身于这样的床上小憩，有一种以天为被，以地为席的洒脱之感。

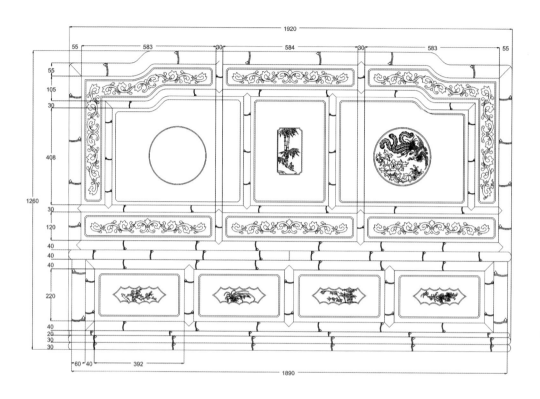

竹节大床
　——cad 图

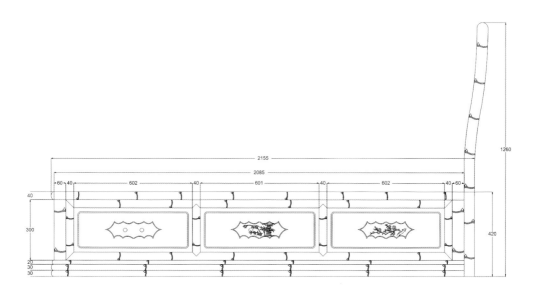

※ 竹节大床雕刻图

大床侧板

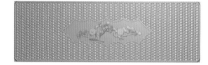

梅兰竹菊纹

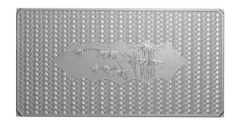 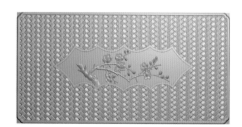

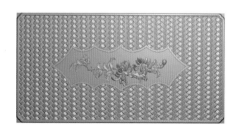 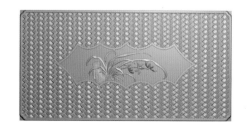

花鸟纹

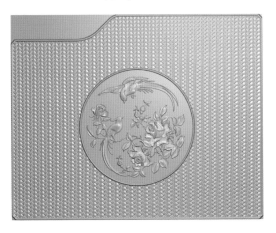

竹

凤穿牡丹纹

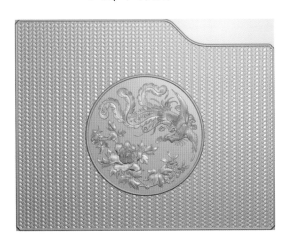

卷草纹

卷草纹

※ 竹节衣柜

◆款式点评：

此衣柜整体呈长方体，柜帽圆角喷出，高束腰镶绦环板，绦环板以竹席纹为底。衣柜正面共四扇柜门，皆以竹席纹为底，分别雕有喜鹊等飞鸟和梅兰竹菊等植物；雕工细腻，生动传神；柜门下是以竹席纹为底的雕花挡板，上面雕有梅兰竹菊和西番莲卷草纹。衣柜整体雕有竹节纹样，整器显得高贵大方，端庄典雅，熠熠生辉。

◆图纹寓意：

竹席底纹让整个家具显得自然古朴，清丽优雅；喜鹊代表喜气到来，福气满满；飞入梅花中的喜鹊更是代表了喜上眉梢的含义。衣柜整体的雕刻皆以竹为主，间或出现兰草、梅花、菊花等，显得清丽明快，自然灵动；梅兰竹菊皆为花中君子，代表了高尚的气节和高洁的品质，是古典家具中较为常见的纹饰。

◆文化点评：

此柜造型简洁，古朴大方；整体的竹节纹样别具雅致；柜门上的竹席底纹使整个家具显得简洁明快，形态自然，落落大方；精美的雕刻让整个柜子更像是一件工艺摆设，为家居增添了清新高雅的感觉。

竹节衣柜
　——cad 图

※ 竹节衣柜雕刻图

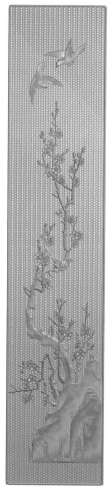

西番莲纹

梅兰纹

竹席纹

梅

兰

竹菊纹

竹席纹

竹

菊

※ 景韵沙发

◆图纹寓意：

　　小桥流水的景致精美生动，近处假山奇巧，松柏苍苍，荷花艳丽，寓意富贵吉祥，福寿双全；远处山水自然大气，线条流畅，象征志向远大，心胸广阔；背板处的亭台精美，垂柳依依，象征了春回大地，万物复苏。回纹象征富贵不断，卷草纹象征绵绵不绝，这些都是古典家具中的常见纹样。茶几的两腿之间，还装饰以连珠纹，连珠纹是唐代最常见的纹样之一，连珠纹象征太阳，代表了人们对光明的崇拜和追求。

◆款式点评：

此沙发背板用独板雕刻山水风景画，自然开阔，两侧配以回纹镂空；腿部采用明代家具中常见的大挖马蹄样式；托角牙使用回纹样式；高束腰镶绦环板；两腿之间雕以回纹和卷草纹；沙发扶手呈箱状，饰以回纹。整器端庄大气，雕工精美，堂皇富丽。

◆文化点评：

此沙发雕工精巧，风景生动秀丽，一草一木仿若真实，给人一种置身园林之间的感觉；清新静逸的景色让人心向往之；这样的沙发摆在客厅之中，不仅可以独坐待客，更能给家中增添开阔之感。

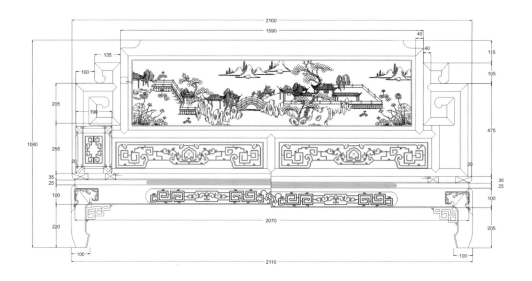

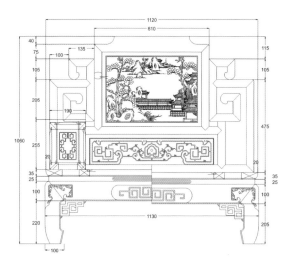

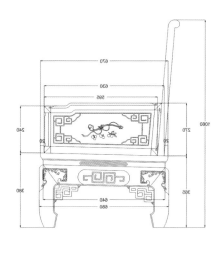

景韵沙发
——cad 图

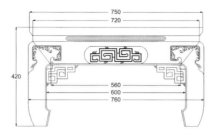

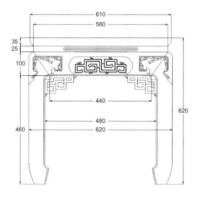

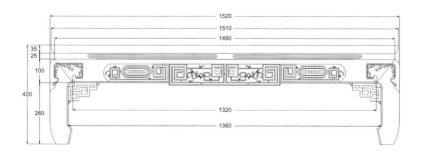

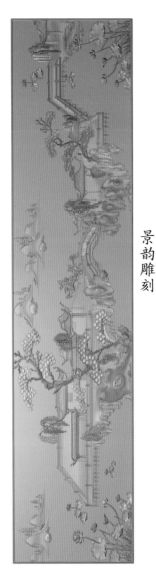

※ 景韵沙发雕刻图

景韵雕刻

回纹牙板雕刻

亭台楼阁

卷草回纹

如意纹

腿面雕刻

牙角

回纹牙板

※ 景韵大床

◆款式点评：

此床搭脑成卷云状，背板处雕有南方庭院风格的画作，雕工精巧，景色清雅；背板向两旁延伸至床头柜之上。床身高束腰加矮老，束腰处雕有小型风景画作；床腿呈内翻马蹄状，两腿之间的牙板处雕有回纹，卷草纹和山水风景。床头柜束腰，正面分三屉，牙板处雕有卷草纹和回纹。整器高雅大方，纹饰和谐呼应，浑然天成。

◆文化点评：

床头带矮柜的床是新古典家具中很重要的存在，它让卧具具有了收纳的功能，更符合现代家居的需求；床体宽大，两侧矮柜高度适宜，更加符合现代人的需求和喜好。此床雕有风景，摆放在卧室之中，除了休憩之外还具有装饰功能。

◆图纹寓意：

卷草纹是传统吉祥纹样，又名"万寿藤"，寓意吉庆。因其结构连绵不断，故又具"生生不息"之意。风景雕刻韵味十足，景色优美，构图清新，给人一种心胸开阔的感觉；床两侧雕刻的如意纹象征事事顺心如意，宝瓶象征平安如意。回纹象征富贵连绵，长久不断。

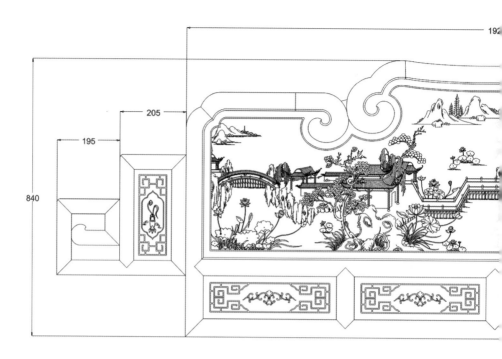

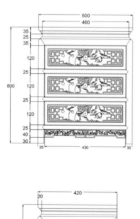

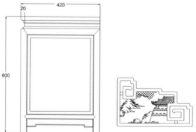

景韵大床
——cad 图

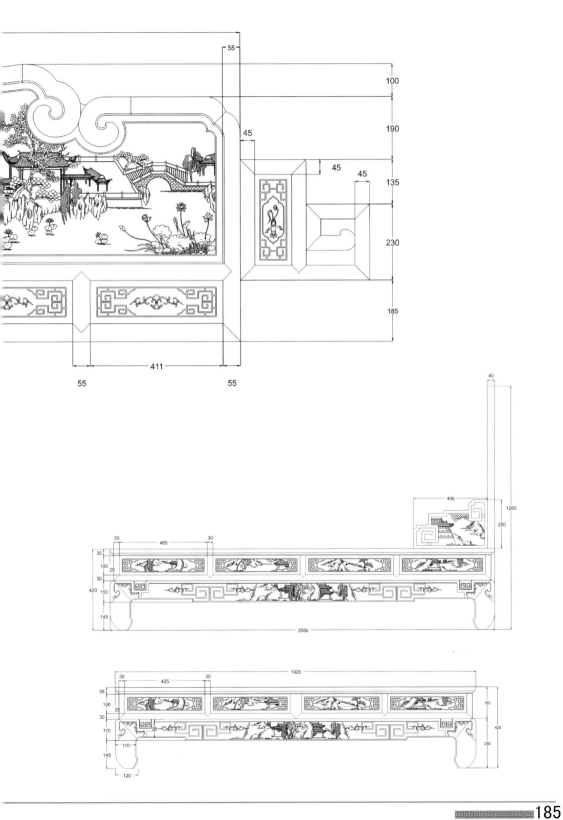

※ 景韵大床雕刻图

八宝纹

卷草纹

景韵雕刻

回纹牙板雕刻

景韵雕刻

回纹

※ 景韵立柜

◆款式点评：

此柜方头正身，显得挺拔刚正，双扇柜门对开；柜上装有银色方合页，两门之间装有银色条面叶；色彩搭配清新夺目。柜门上雕刻有景韵图样，侧山无雕饰，牙板雕有回纹和景韵图样。整器素雅大方，精致小巧，搭配和谐。

◆图纹寓意：

银色合页和红色家居的搭配亮眼夺目，山水景韵图案雅致清丽，给人宽广博大之感，寓意福寿绵长；回纹象征富贵不断头，卷草纹象征福寿绵长，生生不息；二者交相呼应，线条流畅，雕刻隽丽。

◆文化点评：

此柜装饰较少，摒弃了繁缛华丽的装饰，将柜子的储物功能发挥到了极致，对开的柜门显得家居小巧精致，有效地节约了室内空间。柜门的山水景韵雕刻配图精美，结构巧妙，为家居增添了开阔之感；细细端详，能够让人心胸得以开阔。

景韵立柜
——cad 图

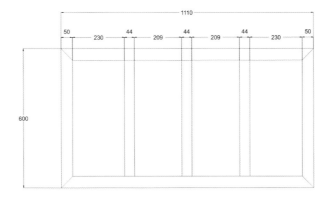

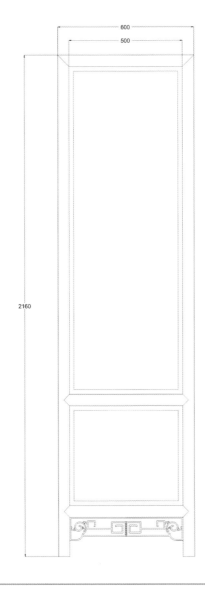

※ 景韵立柜雕刻图

回纹

山水景韵

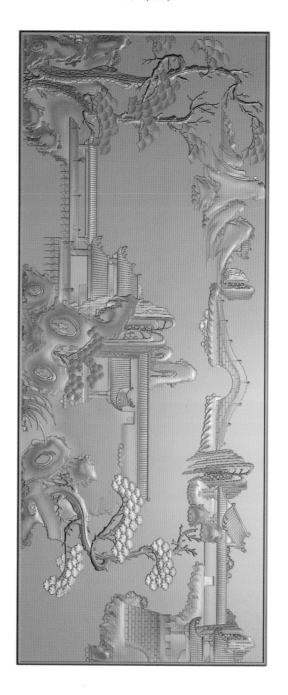

山水景韵

※ 云龙沙发

◆文化点评：

　　此沙发的雕饰精美，纹样中蕴含了几千年来中国人对龙的崇拜和对幸福的追求。沙发背板上的龙纹雕刻生动传神，龙肢体有力，苍劲刚遒；云纹线条圆润流畅，手法细腻；龙口的火珠精巧圆润，火焰精美生动；蝙蝠纹样舒展顺畅。这样的沙发摆在家中，可以为家居带来一种庄重威严的感觉。

◆款式点评：

此沙发搭脑处镂空，镶有蝠纹卡子花；高束腰镶绦环板；腿部是卷云纹展腿；牙板雕有蝠纹和卷草纹；角花和镂空皆使用回纹；背板和扶手处皆雕有云龙纹，纹饰生动、有力；茶几高束腰镶绦环板，云纹展腿；面板光素，仅刻有一条"拦水线"。整器端庄大气，繁复精美，气势恢宏。

◆图纹寓意：

蝙蝠纹样是我国一种传统的吉祥纹饰。由于蝠谐音"福"，所以蝙蝠纹样常常作为福气盈门的表现；龙最初是作为图腾存在的，在古代的传说里，龙能行云布雨，利于万物生长，风调雨顺，人们得以丰衣足食；除此之外，龙还有祥瑞、美德的含义。

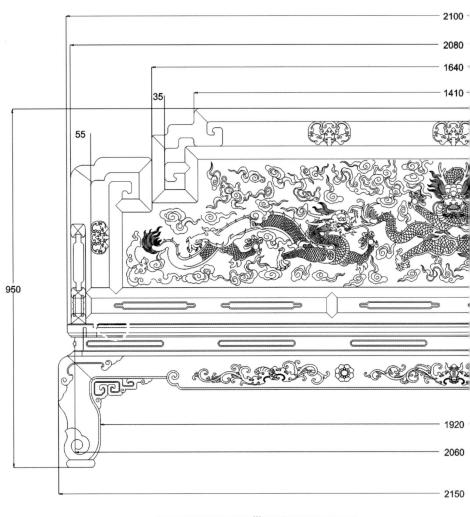

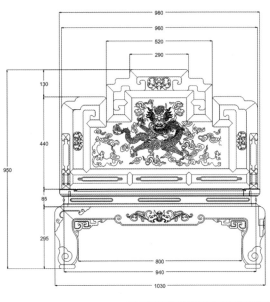

云龙沙发
——cad 图

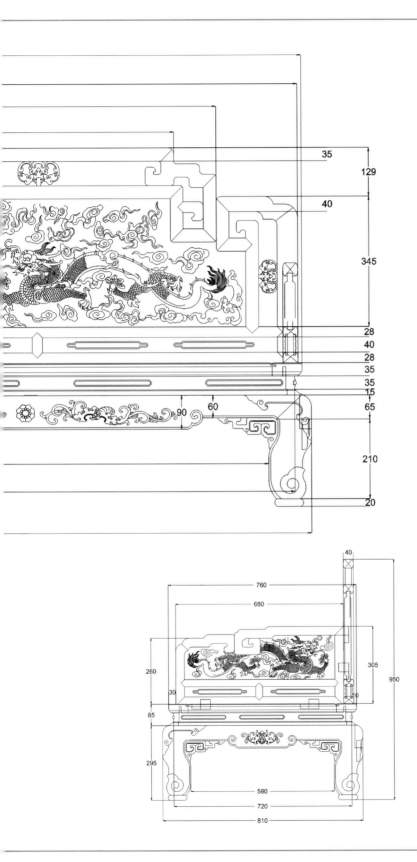

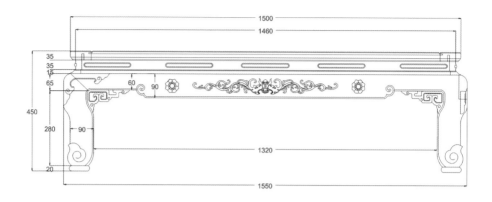

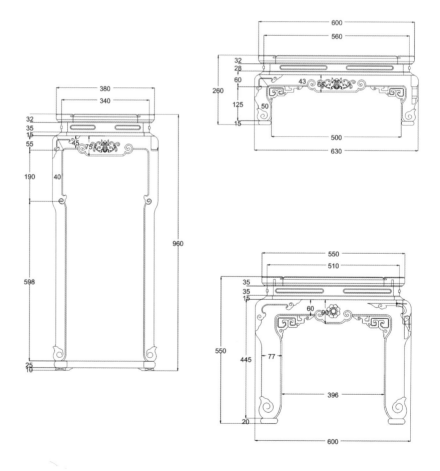

云龙沙发几
——cad 图

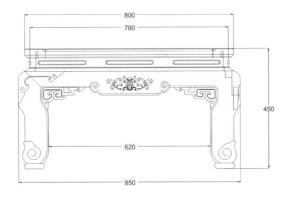

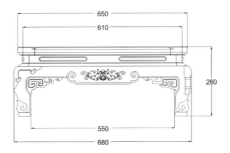

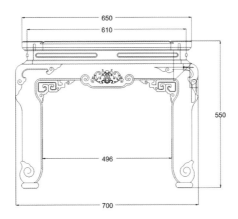

※ 云龙沙发雕刻图

腿面

 角牙

 蝠纹

蝠纹牙板

云龙纹

※ 云龙电视柜

◆文化点评：

　　龙纹头部附近饰有火珠，龙身穿云而过，雕工生动灵巧，寓意深远，为电视柜增色不少。作为新古典家具中的一员，中式风格浓郁的电视柜已经越来越受到大家的喜爱，端庄大气的外形，古朴传神的纹样，让电视柜不仅是陈设电视的工具，更是家居中的重要装饰。

◆款式点评：

此电视柜两边的橱略高，柜门以铜制合页与柜身相连，安有铜制吊牌。柜门雕以云龙纹样，雕工生动，图案精美。中间略低部分有三屉，屉脸雕以云纹和行龙，安有黄铜拉手。三屉以上是亮格，空档之处一分为二。整器高低错落有致，架构和谐，造型端庄。

◆图纹寓意：

云纹是我国出现较早的吉祥纹样，大多作为陪衬图案，象征如意和高升，有平步青云之意。龙纹象征着祥瑞和美德；早在《孝经授神契》中就有"德至水泉，则黄龙见者，君之象也。"由此可见龙纹在我国的地位和意义。电视柜整体的雕刻纹样都有尊贵和吉祥的寓意。

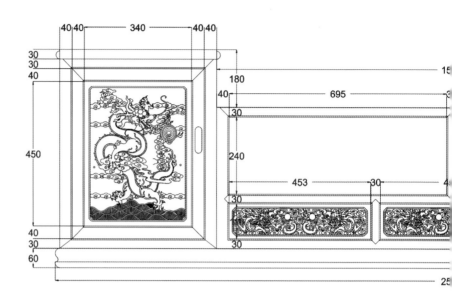

云龙电视柜
　　——cad 图

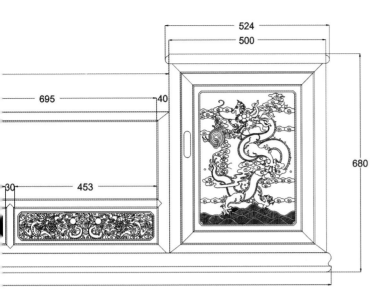

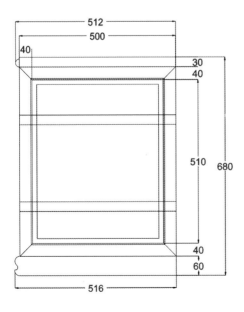

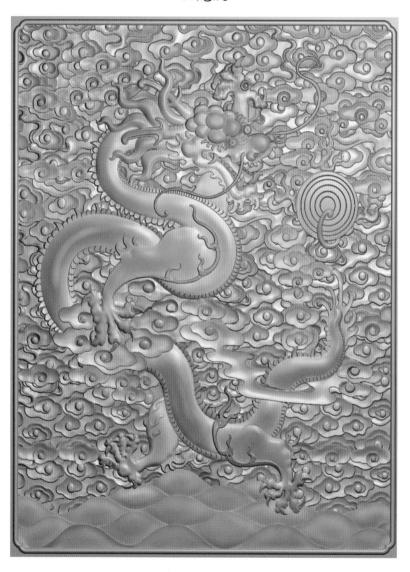

※ 云龙电视柜雕刻图

云龙纹

云龙纹

※ 云龙衣帽架

◆款式点评：

此衣架墩子厚重，上植立柱，立柱前后由站牙抵夹；两墩之间攒接牙板，雕花精美；牙板之上"卐"字纹镂空雕刻，中间是福字；搭脑两端出头，立体圆雕龙头；凡横枨与立柱相交之处均有回纹角花装饰点缀；衣架顶端雕刻二龙戏珠纹样，线条舒展。整器雕工精巧，形态优美，精致隽永。

◆图纹寓意：

二龙戏珠纹样代表喜庆吉祥；"卐"字纹在梵文中代表了"吉祥之所集"，具有吉祥、万寿、万福的寓意；云纹不仅包含了人们对风调雨顺的期盼，还象征了步步高升、平步青云，是古典纹案中常见的装饰花纹；回纹整齐优雅，象征了富贵绵长不断。

◆文化点评：

衣帽架是家居摆设中的组成之一，一个装饰优美，制作精巧的衣帽架放置在玄关处，可以很快的吸引他人的眼球，为家居装潢增色不少。云龙纹的衣帽架雕饰繁缛，刀工精巧，线条舒展流畅，是古典家具中的热门摆设之一。

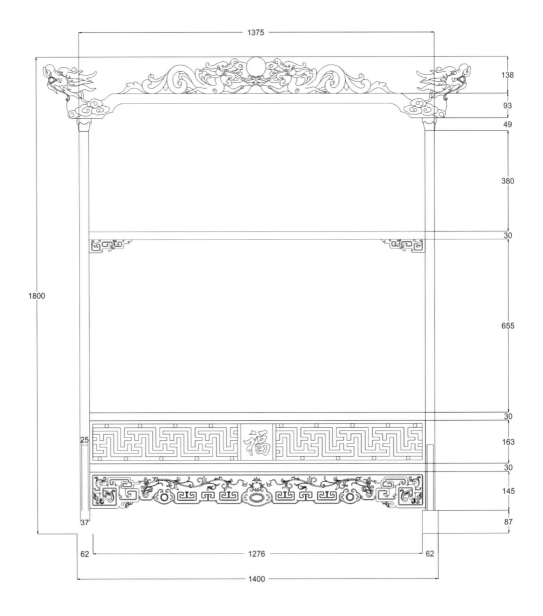

云龙衣帽架
——cad 图

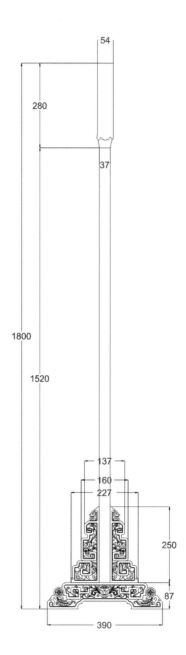

54

280

37

1800

1520

137

160

227

250

87

390

※ 云龙衣帽架雕刻图

龙

二龙戏珠纹

西番莲纹

如意宝石纹

角花

※ 云龙写字台

◆文化点评：

　　黄铜的拉手富贵华丽，黄色和红色的搭配让家具显得庄重大气；写字台下设有脚踏，很符合我们的使用需求；宽大的台面素雅无花，适合读书作画；雕刻精美的纹饰和深远的寓意更为书房增添了几丝古朴庄严之气。

◆款式点评：

　　此桌齐头立方式，两边各三屉，中间两屉，共八屉。屉脸皆雕刻以云龙环绕的纹样，装以黄铜提手。脚踏部分呈棂格状；屉下雕有云纹和脚踏相接。桌脚呈清朝时流行的回纹马蹄状。整器大方典雅，尊贵端庄。

◆图纹寓意：

　　云龙纹样灵活生动，极具富贵之感；云纹象征着平步青云、步步高升，是古代读书人的美好幻想和期盼；龙在古代象征至高无上的皇权，代表了富贵和吉庆。写字台整体的纹样象征了富贵吉庆，蕴含了龙腾万里，文采出众，步步高升之意。

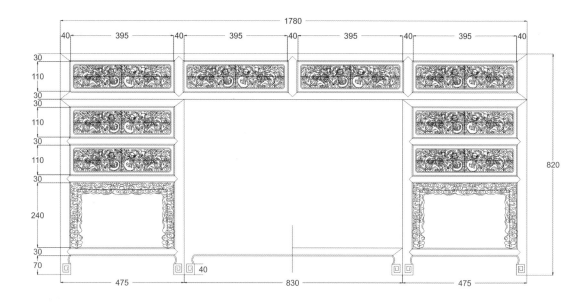

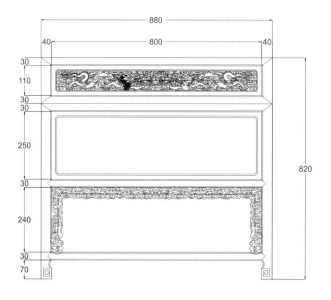

云龙写字台
——cad 图

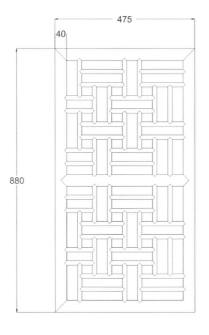

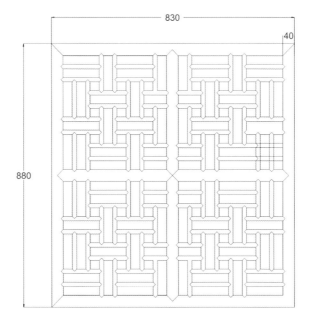

※ 云龙写字台雕刻图

云龙纹

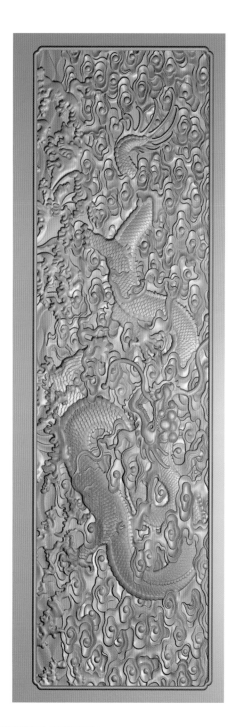

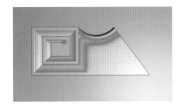

回纹

云纹

云龙纹

※ 云龙宝座

◆款式点评：

此宝座面下束腰，浮雕窄绦环板。鼓腿彭牙，腿下带托泥。牙板光素无雕饰。面上装有三面围子，两侧扶手边框与后背边框连接，搭脑成卷书状，三面围子皆雕有云龙纹样。整器体态丰硕，浑厚庄重，极具威严气势。

◆图纹寓意：

云龙纹雕刻精美，富丽堂皇，配上宝座的造型，显得端庄大气，贵气逼人；卷书状的搭脑为宝座添上了一丝灵巧。从宋代之后，五爪金龙就成为了至高无上的皇权的象征；宝座也是帝王的专属座椅，这些都象征了富贵无边，吉祥如意。

◆文化点评：

　　宝座在古代的时候是帝王专用的坐具，形式多种多样，但大多都雕有云龙等繁复华丽的纹样，髹涂金漆，装饰富丽华贵。这种坐具又被称为宝椅，一般都单独使用，放置在皇帝或后妃寝宫的正殿，后置屏风，边置香几、宫扇等，以此来显示统治者的无上尊贵。

　　到了现代，宝座已经不再高高在上，而是成为了普通百姓家中的陈设坐具。为了更加符合普通人的居住环境，现在的宝座大多形制较灵巧，既显得富丽堂皇又不会过于张扬。

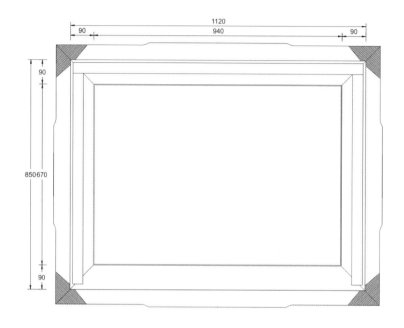

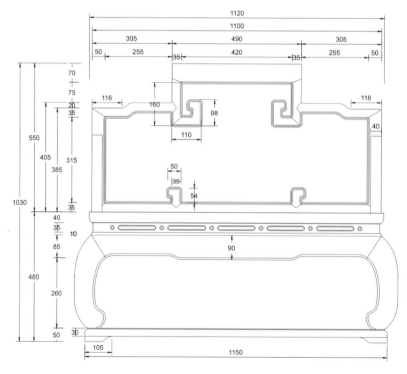

云龙宝座
——cad 图

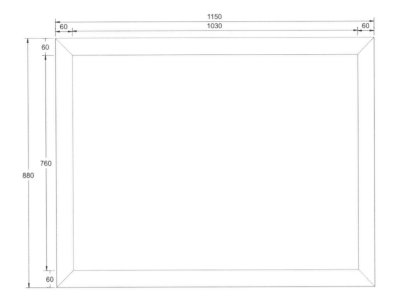

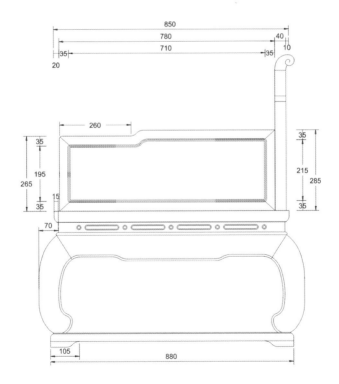

※ 云龙宝座雕刻图

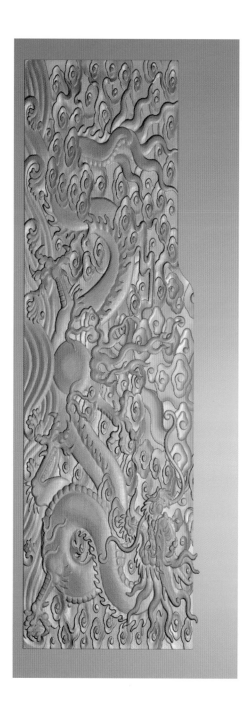

云龙纹

云龙纹

※ 云龙圈椅

◆款式点评：

此椅面上四角立圆柱，两侧装有牙条，后背攒框镶心，上部浮雕云龙纹样，下部为云纹亮脚。两旁接装有浮雕卷云纹托角牙和坐角牙。冰盘沿下有束腰，鼓腿彭牙，内翻马蹄，框式托泥，带龟脚。此椅扶手外侧和马蹄里侧饰以卷云纹样角花，与椅背上的纹样上下呼应，具有美观大方的特点。

◆图纹寓意：

卷草纹代表了绵长不断，富贵环绕；卷云纹代表借助云势，一跃而起，平步青云；龙在九天之上，行云布雨，不仅代表了风调雨顺，丰衣足食，还拥有祥瑞之意，代表了吉祥如意，富贵绵长，贵气凌人。

◆文化点评：

　　椅是我们祖先从"席地而坐"转变成"垂足而坐"的标志，这是一种质的飞跃，让国人从"地上文化"上升到"椅上文化"。"椅文化"发展到明末清初，进入到了黄金时期，这一时期椅子的品种之多、式样之精，都算的上是"前无古人后无来者"。而且，由于历史背景的影响，有很多文人雅士、达官贵人也都参与了椅的设计，这些使椅子已经超越了本身的实用功能，完全变成了一种品味追求和身份的象征。

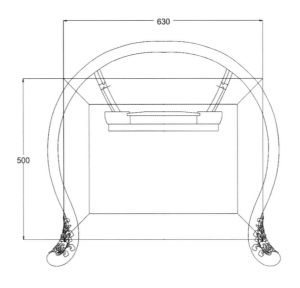

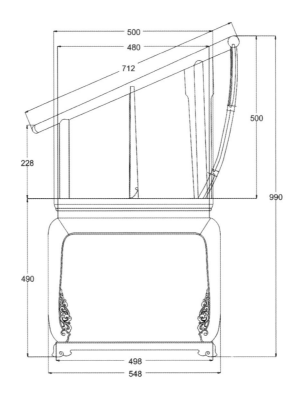

云龙圈椅
　——cad 图

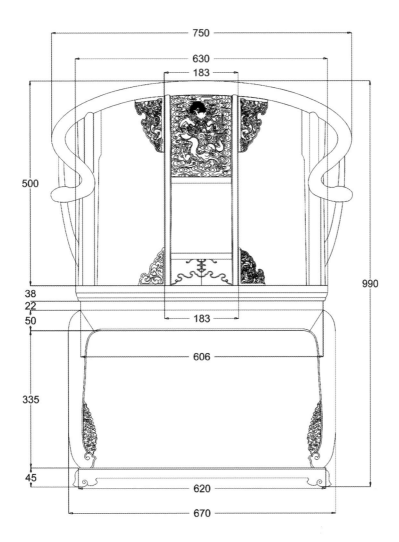

※ 云龙圈椅雕刻图

云龙纹背板

云龙纹　　　云纹

云龙纹

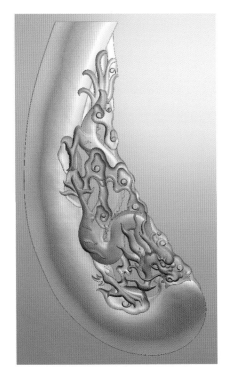

※ 云龙笔架

◆款式点评:

此笔架搭脑两端出头，立体圆雕龙头，灵活生动；搭脑之间是二龙戏珠纹样，线条流畅，雕工精致；纹样之下有挂笔用的凸起，设计精巧。底墩厚重，上植立柱；两根立柱前后由站牙抵夹；两墩之间攒接牙板，雕有如意纹宝石花和卷草纹样，雕花精美；牙板之上是"卍"字纹镂空雕刻的横档，横档中间雕有"福"字。整器形态灵巧，雕工细致，精美隽永。

◆图纹寓意:

"卍"字纹是古代一种宗教的标志，是很多古典家具中的常见图案，经常出现在符咒和护符之上。"卍"字纹代表了多福多寿、吉祥富贵；连绵不断的一段"卍"字纹又叫万寿锦，象征绵长。"福"字是我国古代所有美好象征的集合，寓意万事顺心，家宅幸福。

◆文化点评:

笔架是书房中必不可少的存在，挥毫作画，奋笔疾书时笔架都会陪伴我们左右。一个雕饰精美，匠心独具的笔架可以让我们在阅读、写作时心情愉悦，古朴的笔架可以带我们体会古人寒窗苦读的情怀，在这样的环境中读书，能给人以心灵的抚慰。

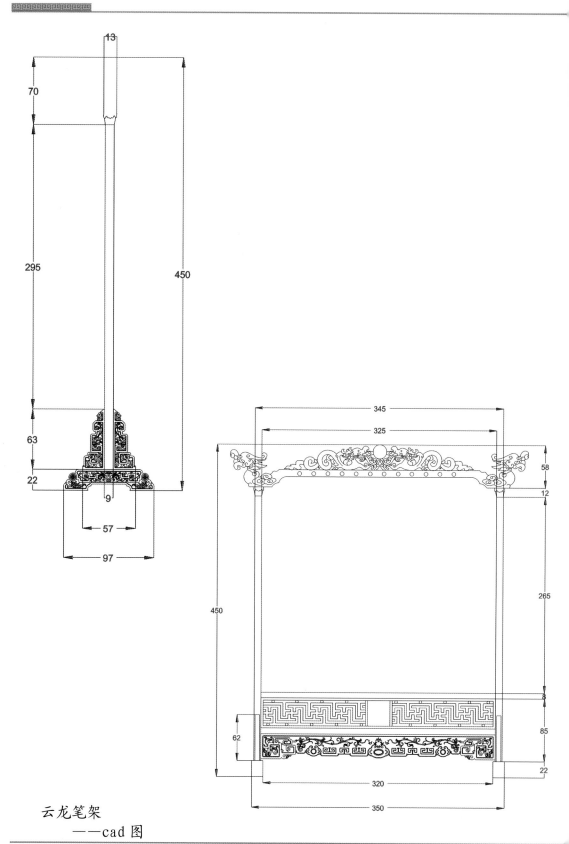

云龙笔架

——cad 图

※ 云龙笔架雕刻图

龙头纹

拐子纹

福字

西番莲纹

二龙戏珠纹

牙角

※ 云龙大床

◆文化点评：

　　几千年来，龙一直都作为威严皇权的象征，代表了尊贵和典雅；背板处的正脸团龙雕刻精巧，细致入微，龙身盘旋，五爪有力，象征了权势和品位。云纹细致飘逸，代表了高升和如意，是我国最早出现的装饰纹样之一，早在《汉书》中就有"甘露降，庆云集。"的说法。在《天文志》中也有"若烟非烟，若云非云，郁郁纷纷，萧索轮囷。是谓庆云，喜气也"的描述。

◆款式点评：

　　此床腿部是卷云纹展腿；高束腰镶绦环板；牙板雕有蝠纹和卷草纹；角花和镂空皆使用回纹；搭脑处镂空，镶有蝠纹卡子花；背板分三屏，皆雕有云龙纹样。床头柜云纹展腿带彭牙，托角牙回纹镂空；牙板处浮雕蝠纹。整器纹饰生动，大气端庄，富贵庄严。

◆图纹寓意：

　　云纹的历史较早，应用非常广泛，经常和龙凤等图案搭配，象征了吉祥富贵，步步高升；蝠与"福"同音，象征福气盈门；卷草纹代表绵绵不绝，回纹代表连绵不断，都拥有富贵绵长的含义。

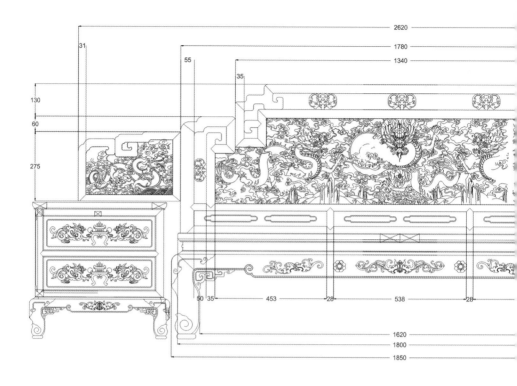

云龙大床
——cad 图

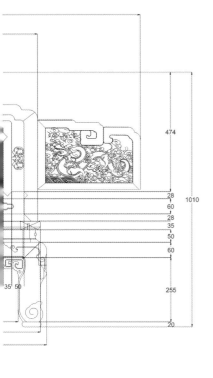

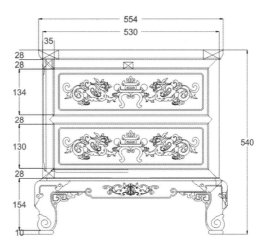

※ 云龙大床雕刻图

云龙纹

蝠纹

螭龙纹

云龙纹

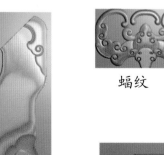

蝠纹

牙角

腿面

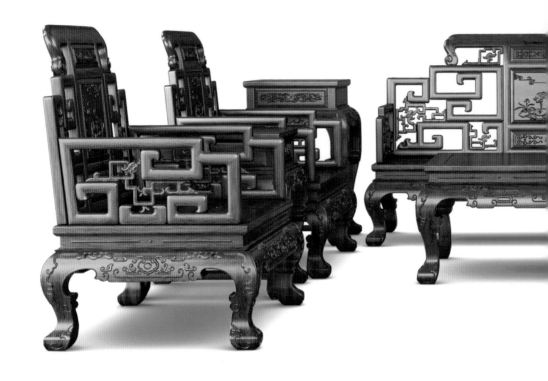

※ 松鹤延年沙发

◆文化点评：

鹤是中国珍稀禽类，它的叫声高亢响亮。《诗经》有云："鹤鸣于九霄，声闻于天。"说它能飞得很高，在天上鸣叫。鹤被道家看成神鸟，在鹤前加仙，又称仙鹤。鹤的寿命一般在五六十年，是长寿的禽类。道教故事中就有修炼之人羽化后登仙化鹤的典故。沙发上雕有这样的纹样，不仅寓意美好，更为房间增添古朴而淡雅的神韵。

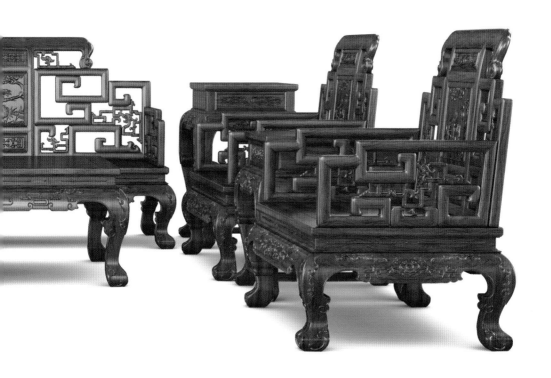

◆款式点评：

此沙发面下束腰镶绦环板，搭脑以卷草纹和两肩相连，雕饰螭龙纹；搭脑与背板连接处雕刻西番莲纹样、蝠纹和丝带缠绕的铜钱纹；两侧扶手边框与后背边框连接，扶手和两肩以下均以回纹镂空，装饰以螭龙纹；背板处雕刻青松和仙鹤图样。沙发腿呈三弯式，牙板处雕刻卷云纹和如意宝石纹。整器线条舒展流畅，雕工精美，稳重大方。

◆图纹寓意：

人们都希望青春永驻、健康长寿。因此，以青春长驻、健康长寿为题材的吉祥图画，在民间流传相当广泛。"松鹤长春图"则是大家最喜闻乐见的吉祥图案之一。松树和仙鹤都有福寿绵长的意思；螭龙，《广雅》中有"无角曰螭龙"的记述。寓意祥瑞，也寓意家庭和睦，感情融洽。

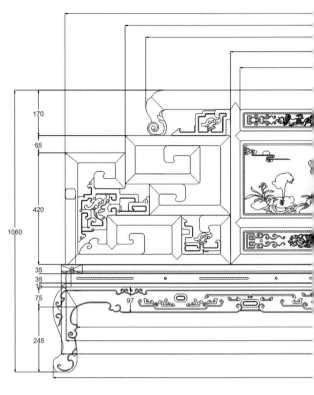

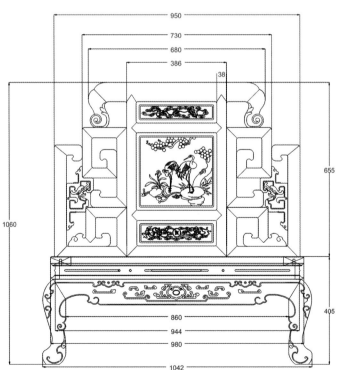

松鹤延年沙发
——cad 图

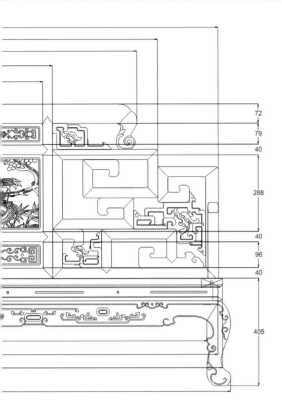

72
79
40
288
40
96
40
405

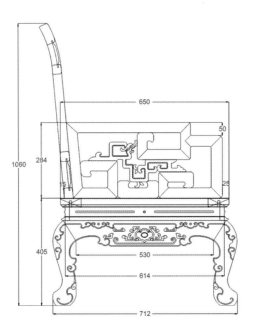

650
50
1060
284
15
25
405
530
614
712

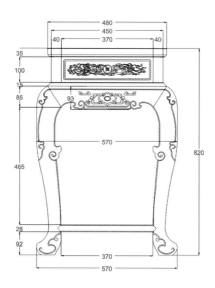

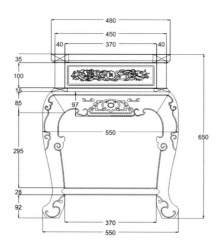

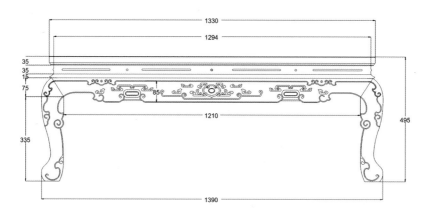

松鹤延年沙发
　　——cad 图

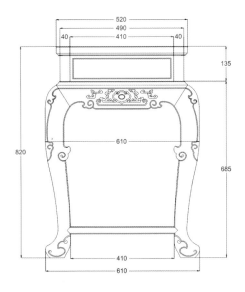

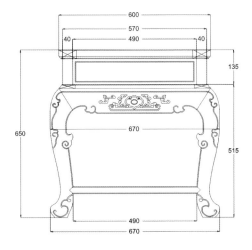

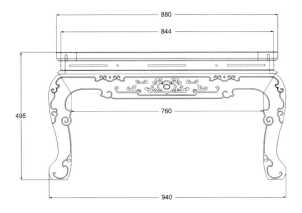

※ 松鹤延年沙发

腿面

松鹤纹

金钱纹

蟠龙角花

腿面

※ 松鹤延年电视柜（款一）

◆文化点评：

　　松树树龄长久，经冬不凋，很早以前就已经作为吉祥长寿的象征，在《诗经·小雅·斯干》就有关于松树象征的记载："秩秩斯干，幽幽南山。如竹苞矣，如松茂矣。"也正是因为如此，松树被道教所推崇，成为道教神话中长生羽化而登仙的重要原型。电视柜上雕刻了松树的图案，除了寓意长寿之外，还有傲霜斗雪、卓然不群的含义。

◆款式点评：

此柜柜帽圆角喷出，面板光洁素净，侧山无装饰；正面共有四屉，屉上雕有螭龙纹样，配以黄铜拉手，造型精巧、古朴大方；三弯腿带彭牙，牙板雕有云纹、博古线和如意宝石纹。整器协调匀称，性质单纯，极富情趣。

◆图纹寓意：

人们都希望青春永驻、健康长寿。因此，以青春长驻、健康长寿为题材的吉祥图画，在民间流传相当广泛。"松鹤长春图"则是大家最喜闻乐见的吉祥图案之一。松树和仙鹤都有福寿绵长的意思；螭龙，龙之九子中的二子，又称"螭吻"，是一种没有角的龙。《说文》："螭，若龙而黄，北方谓之地蝼，从虫，离声，或无角曰螭"。寓意祥瑞。

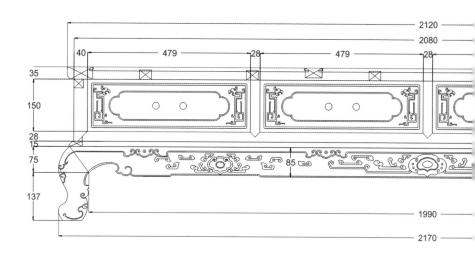

松鹤延年电视柜

——cad 图

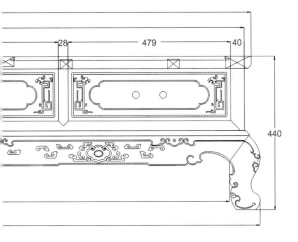

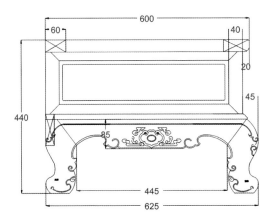

※ 松鹤延年电视柜雕刻图

抽屉面

电视柜腿侧面

电视柜腿正面

※ 松鹤延年电视柜（款二）

◆文化点评：

松树是多年生常绿乔木，耐严寒，不凋零。于是民间把松树作为经得起风寒磨难和长寿的象征。相传在汉代的时候，曾有一对慕道夫妇，在一个石室中修道隐居，得道之后化身白鹤仙去，经常伴随在松枝旁的白鹤就是他们的化身。作为现代家居中的常见装饰之一，电视柜上雕刻了这样的图案蕴含了"松龄鹤寿"和"松鹤长春"的吉祥寓意。

◆款式点评：

此柜柜帽圆角喷出，无束腰；正面左右各有一柜，中有两屉；屉脸雕夔凤纹，中为卷草花纹，装有黄铜拉手；两侧柜门中间雕有圆形的松鹤延年纹样。整器面貌素爽，雕工精细，方正直率。

◆图纹寓意：

卷草纹是我国的传统吉祥纹样，又名"万寿藤"，寓意吉庆。因其结构连绵不断，故又具"生生不息"之意。凤凰是百鸟之王，家具上雕刻凤纹，包含了富贵吉祥的含义。松树和仙鹤的纹样既具有长寿的寓意，还代表了不畏风雪，坚忍不拔的品质。

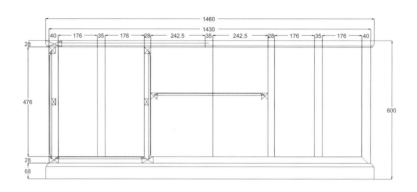

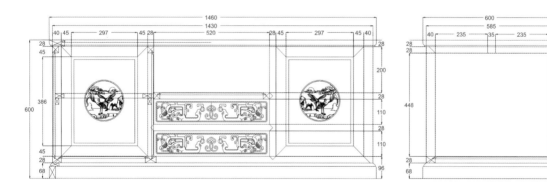

松鹤延年电视柜
——cad 图

※ 松鹤延年电视柜

松鹤延年纹

夔凤纹

※ 松鹤延年供桌

◆文化点评：

此案桌周身雕夔凤纹，由此得名。凤，我国古代传说中的百鸟之王。常用来象征祥瑞。雄的叫凤，雌的叫凰。《诗·大雅》中有云"凤皇，灵鸟仁瑞也。雄曰凤，雌曰皇"。《孔演图》有云："凤为火精，生丹穴，非梧桐不栖，非竹实不食，非醴泉不饮，身备五色，鸣中五音，有道则见，飞则羣鸟从之"。《广雅》云：凤凰，鸡头燕颌，蛇颈鸿身，鱼尾骈翼。五色：首文曰德，翼文曰顺，背文义，腹文信，膺文仁。雄鸣曰即即，雌鸣曰足足，昏鸣曰固常，晨鸣曰发明，昼鸣曰保长，举鸣曰上翔，集鸣曰归昌。

◆款式点评：

此桌案面两端出翘头，案下高束腰，有三屉，屉脸雕以夔凤纹，安有黄铜提手；三弯腿带彭牙；牙板处雕刻有夔凤纹、卷草纹和博古线，线条舒展流畅，造型古朴。整器雕工精妙，古意盎然，利落雅致。

◆图纹寓意：

相传凤为群鸟之长，是飞禽中最美者，飞时百鸟相随。在古代被尊为鸟中之王，是祥瑞的象征。凤凰中雄为凤、雌为凰，雌雄同飞，相和而鸣。现在的很多人都以"凤凰于飞，鸾凤和鸣"为祝贺之辞。另还有"丹凤朝阳"，寓意高才逢时。供桌上雕刻了夔凤纹图案，显得整体更加富贵端庄，寓意深远。

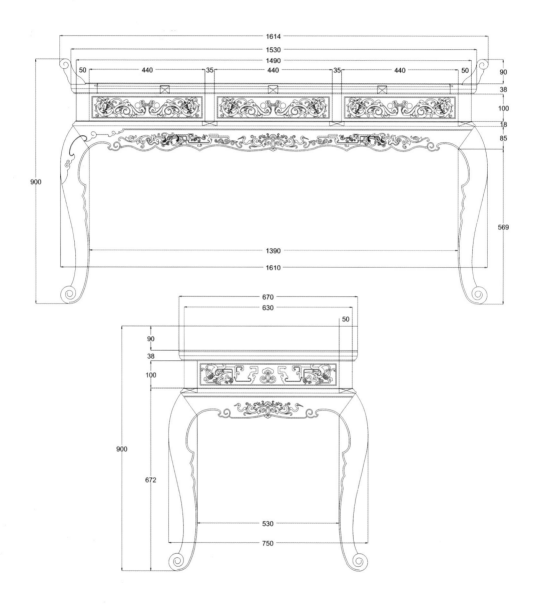

松鹤延年供桌
——cad 图

※ 松鹤延年供桌雕刻图

夔凤纹

凤纹牙板

腿面雕刻

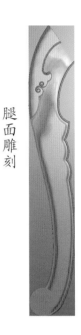

※ 松鹤延年多宝阁

◆款式点评：

此柜通体方正，由柜和格组成。上部多宝格大小不一，内均有券口牙子，雕回纹、卷草纹、铜钱纹；侧山亦镂空，装有雕饰卷草纹的券口牙子。格下为三屉，屉脸雕有回纹，安黄铜吊牌。右侧为对开两扇门，雕有松鹤延年图样。柜底横枨装有牙条，牙条饰以回纹、百吉纹等。整器造型别致，错落有致，极富情趣。

◆图纹寓意：

人们都希望青春永驻、健康长寿。因此，以青春长驻、健康长寿为题材的吉祥图画，在民间流传相当广泛。"松鹤长春图"则是大家最喜闻乐见的吉祥图案之一。松树和仙鹤都有福寿绵长的意思；螭龙纹又叫螭虎龙纹，因变化不同又有草龙等名称，螭龙纹寓意美好，代表了人们对美好生活的祈盼。

◆文化点评：

多宝阁是一种类似书架式的木器，中分为许多层的小格，格内陈设各种古玩、器皿。每层形状不规则，前后均敞开，无板壁封挡，便于从各个角度观赏置放在架子上面的器皿珍宝。

在现代社会中，多宝阁常被放置在客厅，书房等地方，闲时沏上一壶香茗，在丝丝淡烟中嗅着茶香，把玩欣赏自己的藏品，静静地用视觉、嗅觉、心灵去体会那从古传至今的悠远文化，实为放松心情，舒缓压力的雅致选择。

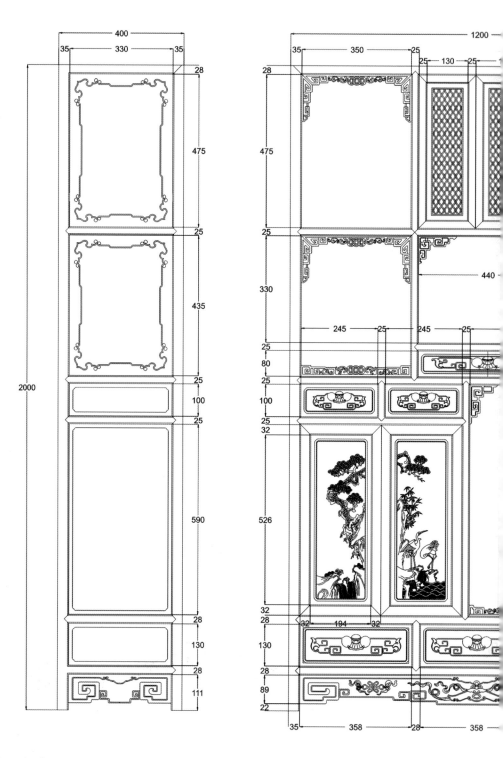

松鹤延年多宝阁
——cad 图

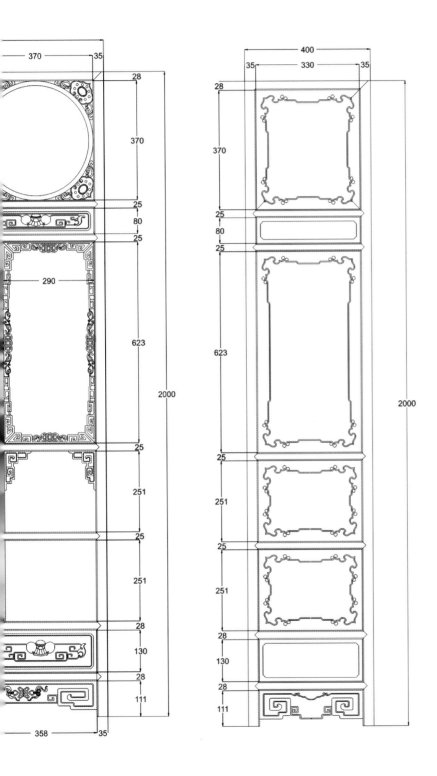

※ 松鹤延年多宝阁雕刻图

松鹤延年纹

壶门券口

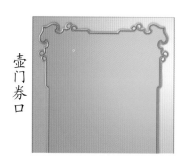

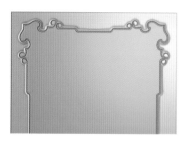

金钱纹

金钱回纹牙板

回纹角花

百吉纹

◆文化点评:

  餐台椅,顾名思义就是与餐台配套的椅子,是国外流行的一种椅式,在国外又称为边椅,直到 17 世纪在欧洲成为时尚。餐台椅一般都没有扶手,相当于中国的"灯挂椅"。餐厅家具式样虽多,但国内最常用的是方桌或圆桌,近年来,长圆桌也较为盛行,餐椅结构要求简单,最好使用折叠式的。特别是在餐厅空间较小的情况下,折叠起不用的餐桌椅,可有效地节省空间,否则,过大的餐桌椅将使餐厅空间显得拥挤。

◆款式点评：

此桌面板光素，雕单条拦水线；面下高束腰，镶绦环板；三弯腿带彭牙，牙板处雕有云纹、博古线和如意宝石纹。椅子搭脑与两肩以卷草纹相连，两肩以下回纹镂空，背板处雕蝠纹和百吉纹。整器造型简洁、搭配和谐，端庄秀气。

◆图纹寓意：

博古线古朴典雅，优美流畅；云纹既象征了风调雨顺，生活安泰，又象征了平步青云，步步高升，是中式家具中的常见纹样。卷草纹象征了绵绵不绝，生生不息；回纹象征了富贵延绵；蝠纹谐音"福"，包含了古代人民对一切美好愿望的期盼；百吉纹造型优美，象征了事事吉祥，称心如意。

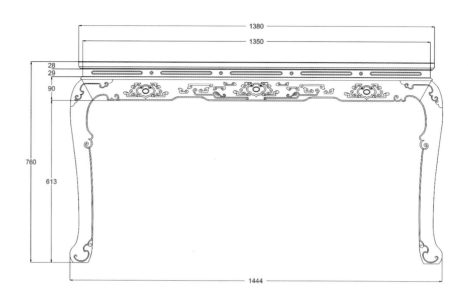

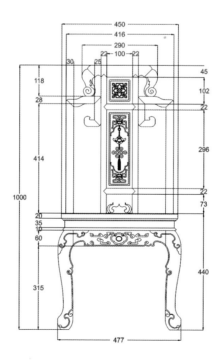

松鹤延年餐台椅
——cad 图

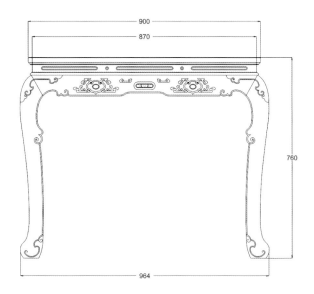

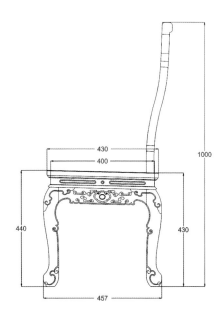

※ 松鹤延年餐台椅雕刻图

餐台腿

百吉纹

※ 松鹤延年大床

◆款式点评：

此床用五屏式背板，背板外侧两屏以回纹、螭龙纹大面积镂空；内侧两屏装有圆形浮雕喜上眉梢纹样；中间一屏雕有长方形松鹤延年纹饰。床尾有回纹镂空挡板，床尾面板分三格，每格镶雕有松、梅、竹等纹样的绦环板。床侧有两屉，屉脸雕有松鹤延年纹样，并装有黄铜拉手。床头柜柜帽圆角喷出，共两屉，屉脸雕螭龙纹，镶绦环板，装有黄铜拉手。整器大方端正，隽秀美观，舒适实用。

◆图纹寓意：

卷草纹代表绵绵不绝，回纹代表连绵不断，松树和仙鹤都寓意福寿，这些纹样雕刻在一起象征了福寿绵长；螭龙纹又叫螭虎龙纹，这种纹饰的寓意很多，均为吉祥喜庆之意。松、梅、竹被称为岁寒三友，这些经冬不凋的植物寓意不畏风霜，坚毅不拔。

◆文化点评：

民国初年出现的"大床"就是现代的床，或称"片子床"、"洋床"。大床的出现是床具的一大进步，它使十分复杂的睡具变得简单化，以前后两个片架组成，中间用床面相连，床身设屉，使用方便，搬迁省力，造价也低。

这种床打破了"屋中屋"的原有概念，发生了质的飞跃。大床是由西洋的概念、中国的质料和中国的做工融合而成，在西洋床前后挡板加床身屉的基础上，大量使用了中国古典的装饰手段，这样的结合，显示了大床的雍容富贵和典雅大气。

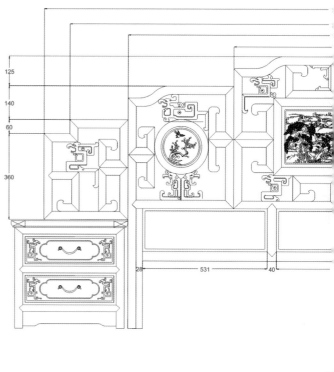

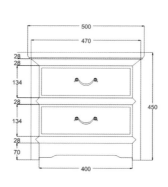

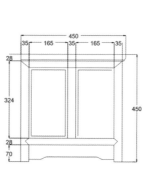

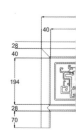

松鹤延年大床
——cad 图

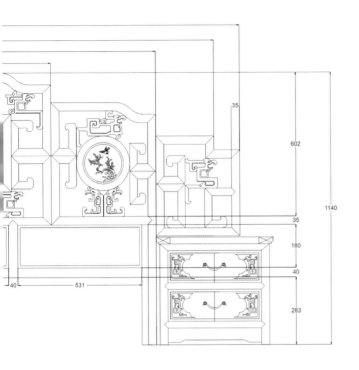

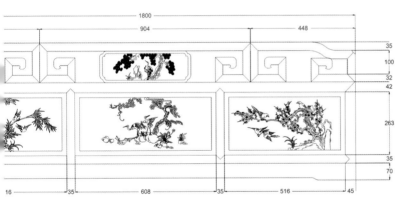

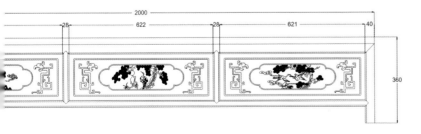

※ 松鹤延年大床雕刻图

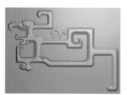  螭龙纹

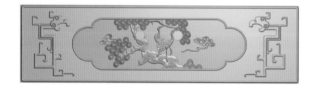

松鹤延年纹

喜上眉梢

青鸟翠竹

梅妻鹤子

喜上眉梢

松鹤延年

※ 笔杆沙发

◆文化点评：

　　沙发背板处被镂空，依靠之时会更加舒适，双环卡子花连接背板和外框，造型简朴，整个沙发显得清新雅致；茶几的造型方正简洁，和沙发搭配和谐。整个家具因为简洁的做工显得更加玲珑秀美，美观实用。

◆款式点评：

此沙发搭脑以双环卡子花和背板相连，背板处呈栅栏状镂空；高束腰三弯腿加彭牙，牙板处雕以回纹；腿下接椶格状托泥。扶手处栅栏状镂空，和背板相连。茶几面板光素有拦水线，面板下高束腰，牙板处亦雕有回纹，三弯腿连接椶格状托泥。整器造型简洁，做工精细，素雅大方。

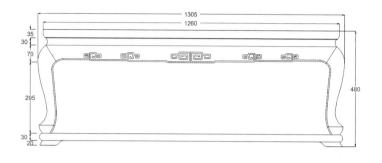

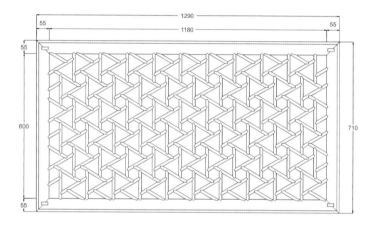

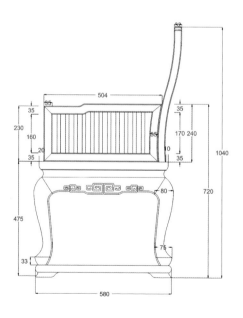

笔杆沙发
——cad 图

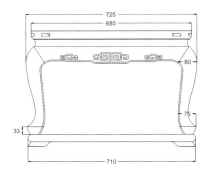

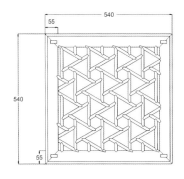

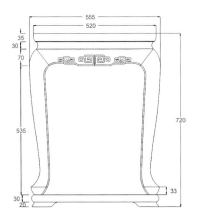

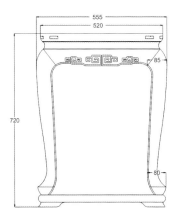

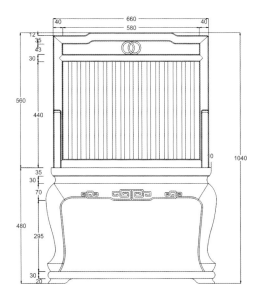

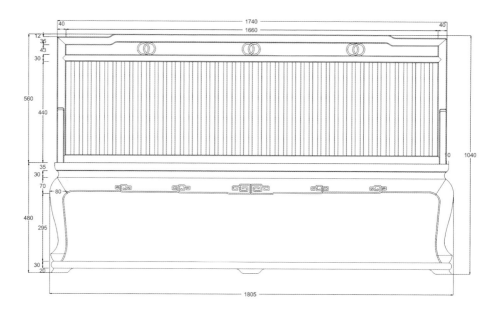

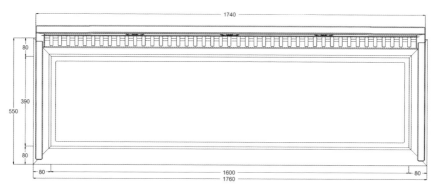

笔杆沙发
——cad 图

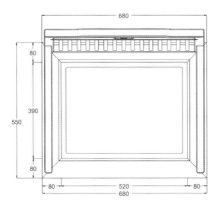

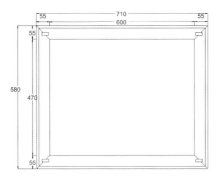

※ 笔杆电视柜

◆文化点评：

　　菱形的吊牌造型简洁，黄铜的颜色和家具的红色相得益彰；回纹象征了富贵绵长；电视柜简洁的造型高贵大方，很适合摆放在客厅之中。栏杆状的柜门造型简洁清新，为家居增色不少。

◆款式点评：

　　此柜面板光素，下接两柜，柜门雕以栅栏状，镶以黄铜吊牌。两柜之间有两屉，屉脸呈栅栏状，安有菱形黄铜吊牌；下接束腰，三弯腿加彭牙，牙板处雕饰回纹。整器方正简洁，线条清晰，淳朴简素。

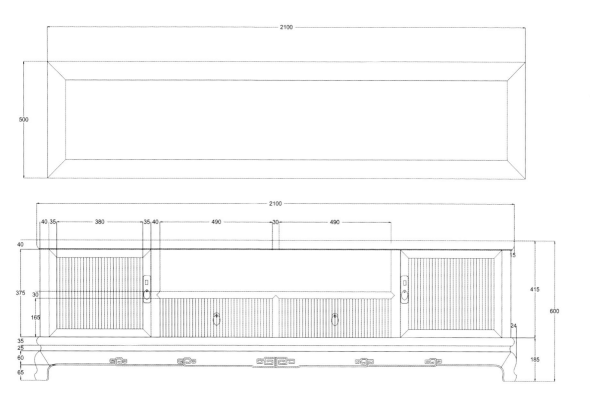

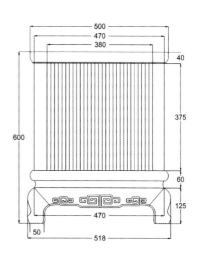

笔杆电视柜
——cad 图

※ 笔杆办公桌

◆款式点评：

此桌面板光素，冰盘沿下接圆柱形桌腿，罗锅枨加矮老，枨与冰盘沿之间镶绦环板，朴素大方。椅背栏杆状镂空，面板下接圆柱腿，安有壶门券口，券口光素无花，横枨下有牙板。整器形质单纯，面貌素爽，搭配和谐。

◆文化点评：

办公桌造型简洁，案面平整宽大，更方便我们使用。整个家具装饰较少，笔杆状的栏杆为家居增添了书香之气；镂空的椅背方便倚靠；简洁明了的款式更适合摆放在书房办公之处。

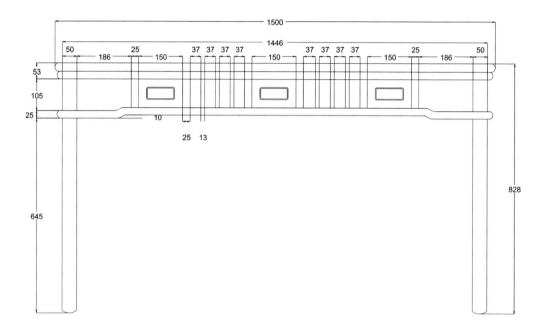

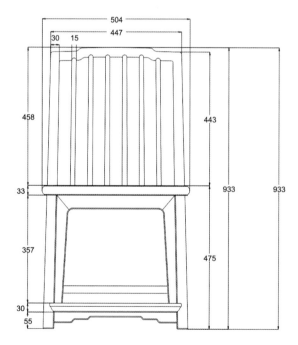

笔杆办公桌

——cad 图

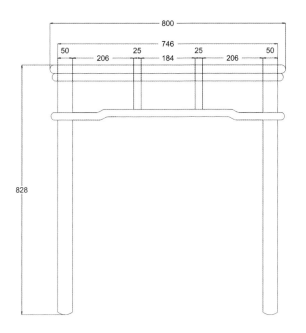

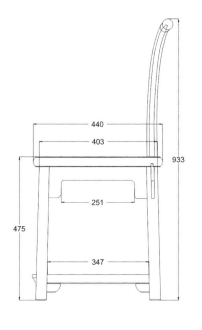

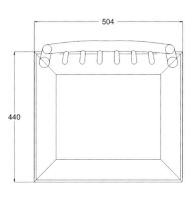

※ 笔杆条桌

◆款式点评：

此案面板光素，雕有拦水线，案面两端出卷书状翘头，冰盘沿下接罗锅枨和双矮老。棂格状挡板下接托泥。整器古朴雅致，方劲利落，造型简洁，大方实用。

◆文化点评：

条桌造型简洁明了，装饰和构件都很少，是明代家具中的常见样式，条案两头成卷书状翘头，给家具增添了书卷气息。这样的条案不仅可以作为家居中的一件摆设，还可以摆放藏品，方便我们细细欣赏。

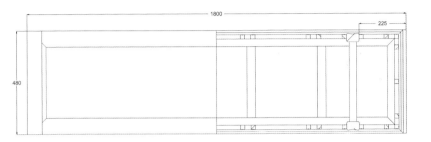

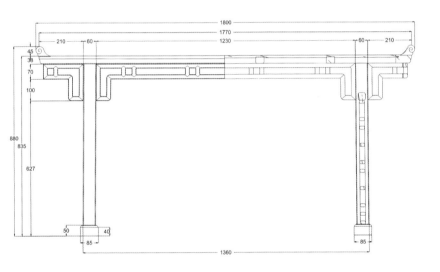

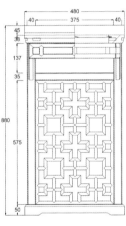

笔杆条桌
　　——cad 图

※ 笔杆书架

◆款式点评：

此架造型简洁质朴，面板光素，四面透空，共分三层，每层皆装有横枨，三面围有双矮老栏杆。架腿为圆柱形，底层装有两条横枨，横枨之间，横枨与底版之间皆装有矮老。整器拙朴可爱，空灵雅致，古趣盎然。

◆文化点评：

古朴简洁的书架给人一种回归自然的享受，书架笔杆状的栅栏不仅方便我们取用图书，更方便我们欣赏自己的藏书。笔杆象征了文化，这样的书架摆放在书房之中，能够给书房增添更多的书香之气。

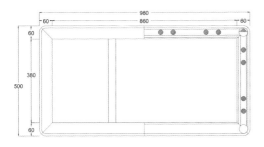

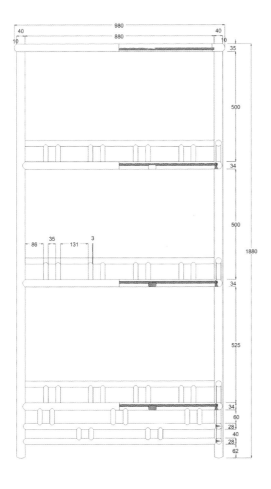

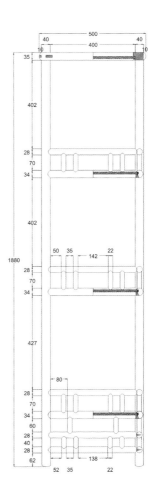

笔杆书架
——cad 图

※ 笔杆餐桌椅

◆文化点评:

　　餐桌的桌面呈现出一种棂格状的状态，镂空的桌面设计精巧新奇，整个餐桌明快通透，线条流畅，转折工整，给人以视觉上的享受。简洁明快的造型使人很容易忘却烦恼，心胸开阔。

◆款式点评：

餐桌样式新奇精巧，桌面攒接呈棂格状，造型新奇，古趣盎然；冰盘沿接圆柱桌脚，桌腿之间装有罗锅枨和矮老。餐椅背部搭脑接栏杆状镂空，面板下接圆柱腿，安有券口，券口光素无花，横枨下设光素牙板。整体通透明快，格调高雅，简洁秀巧，品相不凡。

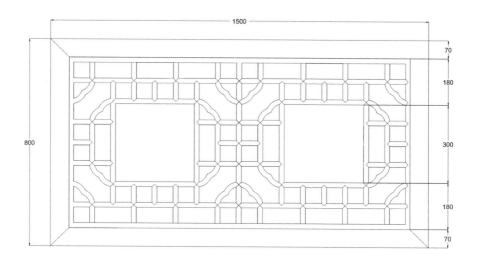

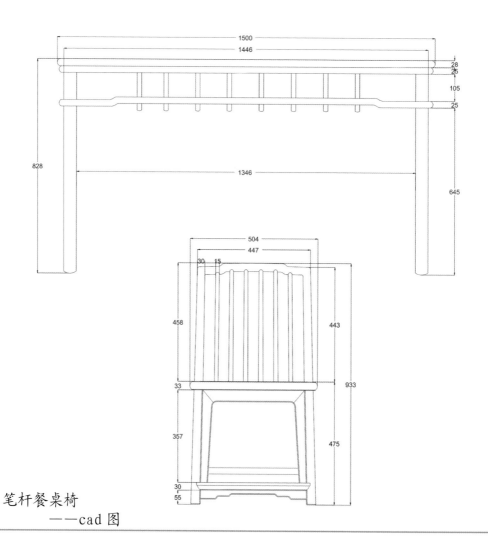

笔杆餐桌椅
——cad 图

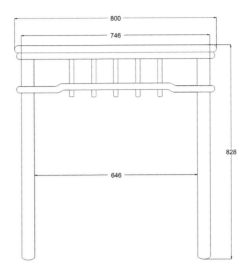

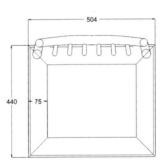

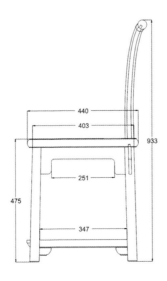

※ 笔杆大床

◆款式点评：

此床背板呈倾斜状，搭脑中间有西番莲纹镂空，两旁镶绦环板；下接栏杆状镂空，背板处镶有三块西番莲纹镂空方板，床尾也雕有西番莲镂空纹样，首尾呼应，纹样精巧。床侧安有两屉，以如意宝石纹做拉手；床腿之间有罗锅枨。床头柜面板光素，冰盘沿下接三屉，以如意宝石纹做拉手，柜腿之间装有罗锅枨。整器简单质朴，纹样精巧，线条流畅，搭配得宜，品质出众。

◆文化点评：

西番莲纹是明朝时期随着郑和七下西洋而传入我国的西洋纹案。这种图案和我国古代的宝相花纹有异曲同工之妙，婉转柔美的纹案为大床简洁方正的造型增添了几丝婉约之气。倾斜状的背板让床的造型更符合人体力学的要求，给人一种舒适的感觉。

◆图纹寓意：

此床雕工简洁，线条舒展流畅，西番莲纹生动灵巧，象征着富贵绵长。笔杆栏杆造型的床头床尾别致独特，为卧室增添了几丝书卷气息。简洁明了的造型很符合老子学说中对简单生活的追求。

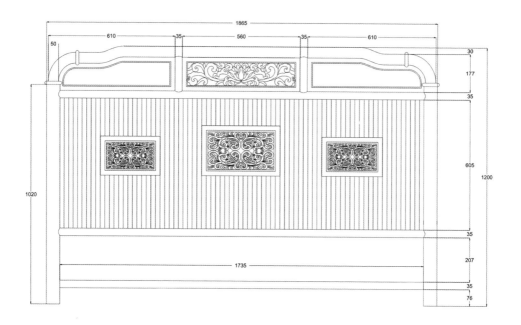

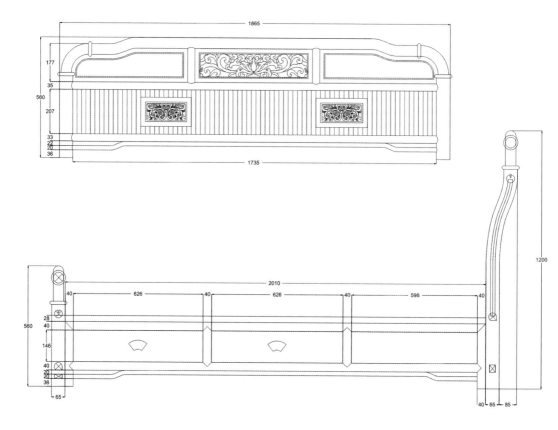

笔杆大床
——cad 图

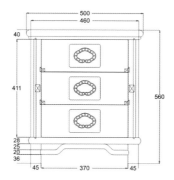

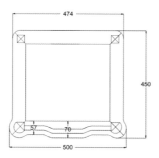

※ 笔杆大床雕刻图

回纹

西番莲纹

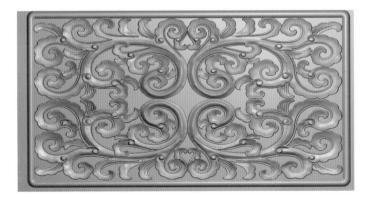

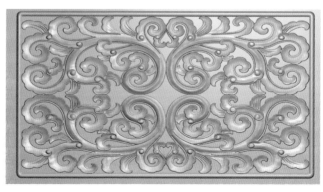

※ 福寿中堂

◆款式点评：

　　此中堂由条案、花几、扶手椅和四仙桌组成。条案选用平头案样式，面板两端呈回纹状；面板下镶绦环板，牙板中部由回纹和如意纹组成的图案镂空，以云纹和案腿相连；案腿有回纹镂空，束腰，内翻式马蹄足加素彭牙。扶手椅搭脑和背板相连；背板平直，两旁以回纹镂空，中间浮雕有蝠纹、团寿纹和螭龙纹。花几面板光素，面下束腰，面下攒回纹券口牙板，腿间接棂格状脚榻。四仙桌面板光素，面下束腰，券口雕螭龙纹镂空，桌腿内翻马蹄式。整器古朴典雅，庄重严谨。

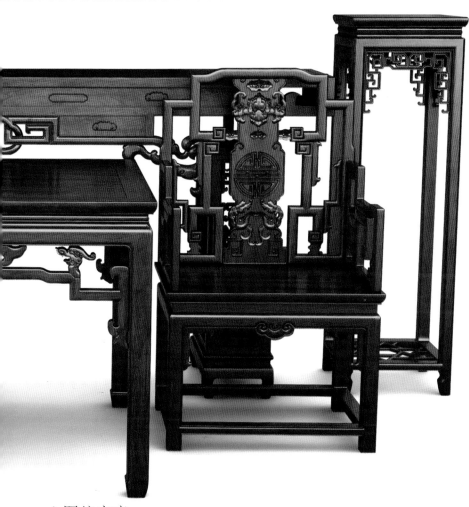

◆图纹寓意：

蝠谐音"福"，代表了福气盈门；回纹和如意纹的组合代表了称心如意，富贵不断；云纹代表了平步青云，步步高升；螭龙纹象征富贵吉祥；搭配蝠纹的团寿纹代表了福寿绵长，这些都是中式古典家具中常见的吉祥纹样，将这些纹样相结合，象征了富贵无边，福寿双全。

◆文化点评：

在传统家居的布局中，厅堂布局是最为严格，同是也是最为讲究的，其中最重要的就是中堂家具的摆设。中堂家具以厅堂的中轴线为基准，整体采用成组成套的对称方式摆放，体现出庄重、高贵的气派。

依照传统习惯，中堂的座序以左为上、右为下或右主、左宾为序，无论主人和宾客都需要依照"序"来入座，这就是我们常说的"坐有坐相"。值得一提的是，即使是家族中位尊的主人，平时也只在右边落座，一是表示谦恭，二是虚位以待，因此，中堂的座椅不经常同时使用。

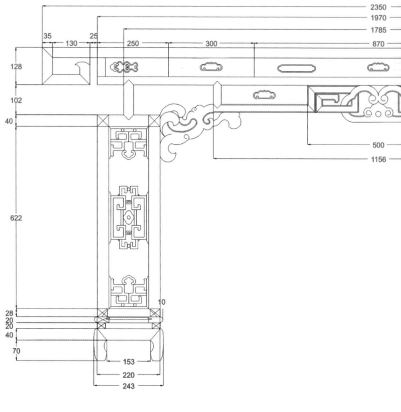

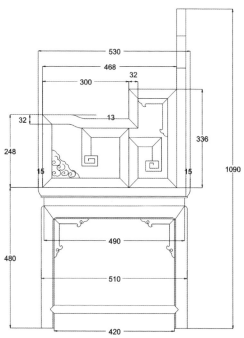

福寿中堂
　　——cad 图

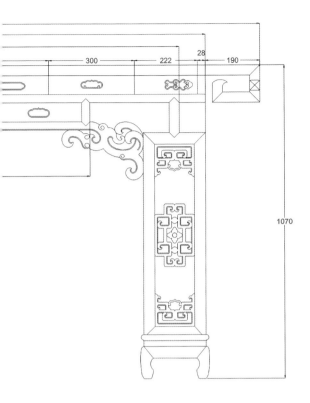

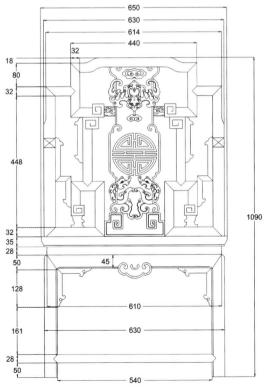

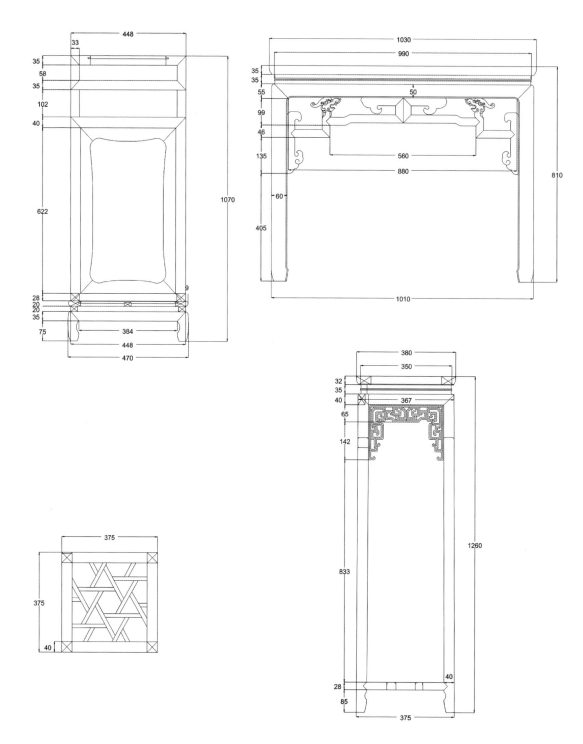

福寿中堂
——cad 图

※ 福寿中堂雕刻图

回纹角花

福寿纹

蠰龙纹

※ 如意中堂

◆款式点评：

此中堂由翘头案、花几、扶手椅和四仙桌组成。条案面两端出翘头，以云纹和侧山相连；案下共设四屉，屉脸有如意宝石花拉手；屉下是单开柜门，柜门处以回纹环绕宝瓶、牡丹和如意纹样；柜下束腰，回纹马蹄，牙板光素；案面下的牙板雕有卷草、琴棋书画等纹样。花几面下高束腰，回纹马蹄桌腿，回纹牙板，腿间有棂格状脚榻。四仙桌面板雕有拦水线，面板下高束腰，浮雕有心型纹样；回纹马蹄桌腿，牙板雕有卷草、铜钱、如意宝石花和回纹纹样。扶手椅扶手和椅背相连，椅背中靠背板内侧攒有回纹牙角，背板处雕刻牡丹、螭龙等纹样；有束腰，装有回纹角花，回纹马蹄腿间装有步步高横枨。整器富贵庄严，古趣盎然。

◆图纹寓意：

回纹象征富贵连绵，宝瓶和牡丹象征平安富贵；如意纹样代表心想事成，事事如意；卷草纹象征了生生不息，琴棋书画的纹样儒雅斯文；铜钱象征了富贵和财源广进，如意宝石纹的拉手代表了手握如意，事事顺心。

◆文化点评：

集案、桌、椅、架于一体的中堂家具，涵盖了大部分家具类型的特点，完整地保留了家具的各项功能。作为中式家具的代表品种，中堂家具从形式到仪式，不仅反映着普通劳动人民对富庶生活的追求，还反映着传统文化环境下，我们这个民族对自然的敬畏，对祖先的崇拜和对礼教的遵循。

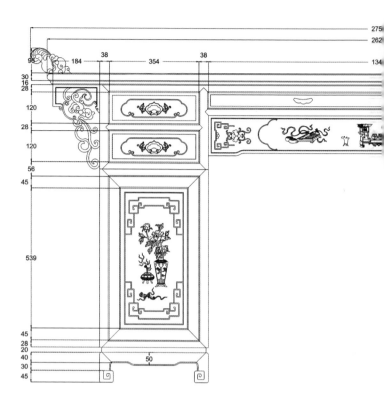

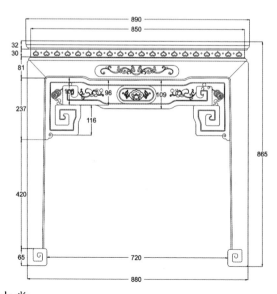

如意中堂
　　——cad 图

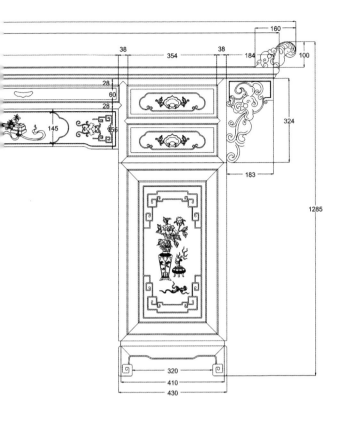

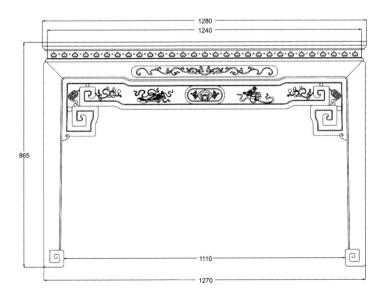

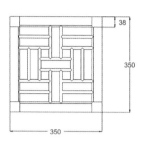

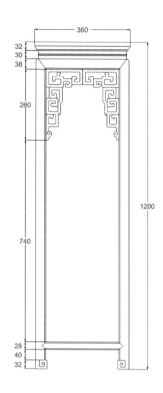

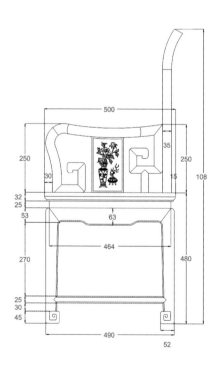

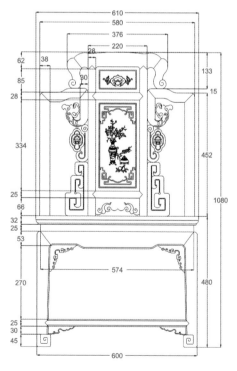

如意中堂
——cad 图

※ 如意中堂雕刻图

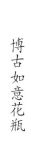

博古如意花瓶

博古如意牙板

博古如意

雕龙牙头

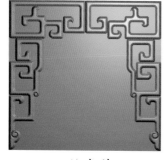

回纹角花

博古如意花瓶

角花